电气 GIS 局部放电光学感知与诊断技术

臧奕茗 著

上海交通大学出版社
SHANGHAI JIAO TONG UNIVERSITY PRESS

内容提要

本书主要研究了气体绝缘开关设备(GIS)局部放电的光学原理、检测方法及定位技术。首先,探讨了局部放电光信号的产生原理、辐射与传播特性,以及基于 SiPM 微型多光谱传感阵列和荧光光纤的检测系统设计。其次,通过多光谱特性研究和仿真模型验证,分析了局部放电的多光谱特征及其分布。接着,提出了基于荧光光纤与仿真指纹的局部放电光学定位方法,并改进了双空间分辨率指纹库的定位技术。最后,结合 NSCT 光电图谱融合算法,实现了局部放电的模式识别。这些研究为 GIS 局部放电的检测和定位提供了系统的理论和方法支持。本书专业性较强,可供电气工程相关专业研究者、在校研究生等参考。

图书在版编目(CIP)数据

电气 GIS 局部放电光学感知与诊断技术 / 臧奕茗著.
上海 : 上海交通大学出版社,2025. 7. -- ISBN 978-7
-313-32706-2

Ⅰ. TM564
中国国家版本馆 CIP 数据核字第 2025HT8575 号

电气 GIS 局部放电光学感知与诊断技术

DIANQI GIS JUBU FANGDIAN GUANGXUE GANZHI YU ZHENDUAN JISHU

著　　者:	臧奕茗		
出版发行:	上海交通大学出版社	地　　址:	上海市番禺路 951 号
邮政编码:	200030	电　　话:	021 - 64071208
印　　制:	常熟市文化印刷有限公司	经　　销:	全国新华书店
开　　本:	710 mm×1000 mm　1/16	印　　张:	10
字　　数:	163 千字		
版　　次:	2025 年 7 月第 1 版	印　　次:	2025 年 7 月第 1 次印刷
书　　号:	ISBN 978 - 7 - 313 - 32706 - 2		
定　　价:	59.00 元		

前言 | Preface

气体绝缘开关设备(GIS)具有占地面积小、受外界环境影响少、运行可靠性高等优势,是我国新型电力系统的重要组成部分。但是 GIS 的内部绝缘老化、装备瑕疵等问题会造成设备内部产生局部放电。通过及时检测局部放电,能够对 GIS 的潜在故障风险进行有效诊断,保障电网的安全可靠运行。

目前,关于 GIS 局部放电的光学特性和检测研究相对较少,仍处于起步探索阶段。另外,基于声、电、磁相关的检测方法在变电站现场容易受到强电磁干扰和声振干扰等的影响,高频电流检测和化学检测又无法对放电光源进行空间定位,这些因素都制约了现有局部放电检测方法的应用效果。而光学检测具有抗电磁与抗声振干扰能力强、绝缘性能好、灵敏度高等优势,且同时能够实现放电光源的定位和识别,具有很好的应用前景。因此,本书针对 GIS 局部放电的光学特性及光学检测关键技术开展了相关研究,尝试解决现有研究中存在的问题。本书具有如下特色。

第一,本书研究了 4 种典型缺陷的局部放电产生过程,探究了气体介质局部放电光谱的激发原理,并分析了不同气体对放电光谱的影响方式,明晰了影响局部放电光信号强度的因素,为局部放电的光学检测奠定了理论基础。本书搭建了典型 GIS 腔体的仿真模型,得到了局部放电光学信号在 GIS 腔体内的辐射与传播特性,为局部放电光学传感器的布局设计和安装提供了参考依据。

第二,针对目前局部放电多光谱特性不明确且采集方式烦琐的问题,本书提出了基于硅光电倍增管(SiPM)微型传感阵列的局部放电多光谱信号采集方法,得到了在不同缺陷和不同气体中局部放电的多光谱特性,其中包括局部放电多光谱的关联特征关系以及相位特征、能量特征、雷达图特征和差值特征的分布规律,为局部放电光学检测提供了光信号的数据特征基础和检测波段参考。并且,本书运用高斯混合模型聚类分析了局部放电多光谱特征与缺陷类型之间的量化关系,最高聚类准确率可达 95.02%。

第三,针对目前局部放电光学定位方法欠缺且定位指纹库构建困难的问题,本书提出了一种基于荧光光纤与仿真指纹的局部放电光学定位方法。该方法搭建了 GIS 局部放电光学仿真模型,通过在仿真模型中采集得到的光学仿真指纹构建了局部放电光学仿真指纹库,克服了在实际设备中无法通过实验获得局部放电指纹的难题。基于仿真指纹库,运用非线性粒子群-核极限学习机(NPSO-KELM)指纹识别算法将检测到的局部放电光学实际指纹与仿真指纹库中的仿真指纹进行匹配定位,最终实现了 0.95 cm 的平均定位精度。

第四,针对大尺寸 GIS 光学仿真指纹定位效率低的问题,本书提出了一种基于双空间分辨率指纹库的局部放电光学改进定位方法。首先,基于逐次仿真构建的局部放电光学仿真指纹库,提出运用自然邻近插值算法对仿真指纹库进行扩充,使得仿真指纹库包含 GIS 中任意位置的局部放电光学仿真指纹。然后,先利用低空间分辨率指纹库进行"粗定位"获得放电光源的大致区域,再通过高空间分辨率指纹库进行"细定位"获得放电光源的最终位置,平均定位精度可达 0.97 cm。最终,在定位精度要求相同的情况下,双空间分辨率指纹库定位所需时间仅为单一空间分辨率指纹库的 10% 左右,定位效率显著提高。

第五,针对单一类型的局部放电检测图谱存在特征信息不足的问题,本书提出了一种基于非下采样轮廓波(contourlet)变换(NSCT)光电图谱融合的局部放电模式识别方法。首先,该方法利用 NSCT 算法将光学局部放电图谱与特高频局部放电图谱进行融合,得到局部放电光电融合图谱。然后,对光电融合图谱的特征进行提取与降维,构建包含两种局部放电检测信息的特征空间用于模式识别,解决了单一类型图谱中特征信息缺失的问题。最终,基于光电融合图谱的模式识别准确率普遍高于相同情况下单一图谱的识别准确率,识别准确率最高可达 95%。

本书在 GIS 局部放电的光学原理、多光谱特性、检测方法、放电光源定位方法和模式识别方法等领域进行了探索,为完善 GIS 局部放电的光学诊断体系提供了参考和支持。

本书的编写要感谢江秀臣教授,盛戈皞教授,钱勇高级工程师,舒博、周海洋、李泽、周逸文、赵龙健等多位相关学者对本书研究内容的指导、贡献与帮助。鉴于编者水平有限,书中存在的不妥与不足之处,恳请各位专家、读者指正!

目录 | Contents

第 1 章

GIS 局部放电相关技术研究现状

目前,国内外已经针对气体绝缘封闭式电力设备中局部放电的检测进行了相关研究和标准的制定,但其中涉及局部放电光学检测的相关研究和行业标准还处于起步阶段,尚未发展成熟。本书从 GIS 局部放电非光学检测技术、局部放电光学检测技术、局部放电故障定位技术和局部放电模式识别技术 4 个方面对目前局部放电检测领域内的主要研究现状进行介绍和分析。

1.1 GIS 局部放电非光学检测技术

对于传统的 SF_6 气体:GIS 局部放电是绝缘劣化后发生的局部区域内未贯穿放电现象,在局部放电的过程中会产生纳秒级的放电脉冲,该放电脉冲能够激发、产生电磁波并在设备内传播。同时,局部放电的产生会使绝缘气体发生电离和扩散,伴随放电从而产生光信号和超声波信号。另外,局部放电也会使 GIS 中的气体产生分解而生成新的气体成分[1]。因此,根据局部放电过程中的理化现象,可以将局部放电检测技术分为基于电信号的检测技术和基于非电信号的检测技术两种。其中,基于电信号的检测技术主要包括脉冲电流检测法和特高频检测法,基于非电信号的检测技术主要包括超声波检测法和化学检测法[2]。下面将对每种检测技术的研究和发展现状进行分析介绍。

1) 脉冲电流检测法

脉冲电流检测法,也称耦合电容法,是目前较为典型的一种可精确测量局部放电电荷量的方法,该方法在 2000 年被国际电工委员会列入标准 IEC 60270:

2000,它是目前最为成熟的一种检测方法。该方法首先是在放电缺陷外部并联一个耦合电容,然后通过检测阻抗测量局部放电发生时耦合电容回路产生的脉冲电流,最后通过示波器等测量仪器对电流信号进行采集和处理。依据标准 IEC 60270:2000 的检测流程,该方法能够在检测前标定标准放电量,从而使脉冲电流检测法成为目前唯一一种可以检测到局部放电实际放电量的方法,所以该方法经常被用作高压电力设备的出厂测试和局部放电实验的校验。但是,针对实际投运的 GIS,由于无法在现场进行电荷量标定,并且脉冲电流法需要在电磁屏蔽房中进行,实际上,GIS 的运行环境存在较大的干扰而无法避免,脉冲电流检测法很难应用于现场 GIS 局部放电的检测。

2)特高频检测法

特高频检测法是目前在现场应用较为广泛的一种方法,该方法通过检测局部放电纳秒(ns)级脉冲所激发的特高频电磁波(300 MHz~3 GHz)来实现局部放电的检测,其检测频段能够较好地规避低频信号干扰,从而具有较高的检测灵敏度。由于 GIS 的同轴结构,局部放电产生的电磁波信号能够在 GIS 内部进行有效的传播,然后通过 GIS 盆式绝缘子等非金属屏蔽的区域将电磁波信号传导至设备外部。由此,根据电磁波的传播路径和传感器的安装方式,特高频检测传感器分为内置式和外置式传感器。内置式传感器安装于 GIS 的罐体内表面,能够更加直接地检测电磁波的产生,但改变了 GIS 的结构和内部电场分布;外置式传感器只需要放置于 GIS 绝缘子的外围,通过检测从 GIS 内部泄漏出的电磁波来判断局部放电的发生,虽然安装和使用相比于内置式更加便捷,但也更容易受到外界信号的干扰。另外,特高频检测方法能够通过安装多个传感器实现局部放电故障的定位,这是传统脉冲电流法无法实现的。虽然特高频检测法在目前的工程现场应用较多,但在检测过程中外部电磁干扰的问题仍然存在,这也是制约该方法检测有效性的一个重要因素。

3)超声波检测法

局部放电脉冲的产生是由气体分子和电子的电离与剧烈撞击形成的,这种脉冲会随之向外产生一种压力波,即超声波。超声波检测法通过安装在 GIS 外部的超声波传感器来探测局部放电产生的超声波信号,该方法能够不侵入设备内部,且在 GIS 任何部位都能进行探测,即使有金属屏蔽的区域同样适用。但是,由于超声波信号在 GIS 内的传播衰减严重,其检测距离受限,且容易受到其他外部声波或者振动信号的干扰,灵敏度不高。近些年,为了增强超声波检测的灵敏度和抗干扰性,基于光纤光栅的超声波检测法开始逐渐兴起,但是其需要外部入射光源,这对于现场设备的应用来说具有一定的局限性。

4) 化学检测法

局部放电的发生会使 GIS 内的绝缘气体发生分解,不同的绝缘气体(如 SF_6、C_4F_7N/CO_2 混合气体、N_2 等)会在放电过程中发生不同的化学反应,从而产生不同的气体成分。局部放电化学检测法的基本原理就是通过检测 GIS 气室中放电生成物的成分来判断局部放电的发生,并可以通过不同气体成分之间的关系来评估局部放电的严重程度。但是该方法所需的检测时间长,目标检测气体容易被绝缘气体所稀释,并且 GIS 断路器动作产生的电弧也会引起该检测方法的误判,因此 GIS 检测不适宜在实际中应用,仅在实验室分析绝缘气体的放电特性方面具有较高的应用价值。

对于环保型 C_4F_7N/CO_2 混合气体:针对 C_4F_7N/CO_2 混合气体 GIS 局部放电的研究尚处于起步阶段,其主要检测方法与上述传统 SF_6 气体 GIS 中的检测方法基本相同。目前,有韩国的团队研究了交流电压和直流电压下针尖缺陷、微粒缺陷在 C_4F_7N/CO_2 混合气体中局部放电的频率、脉冲参数、起始放电电压和相位分布图谱等性质。广东电网有限责任公司电力科学研究院和西安交通大学有学者对 C_4F_7N/CO_2 混合气体在局部放电下的气体分解路径和主要分解物进行了分析,为实际应用提供了参考[3]。另外,还有北京交通大学、西安交通大学、武汉大学等高校研究了 C_4F_7N/CO_2 混合气体在不同电压下的表面电荷特性、不同电场分布下的绝缘特性等电气性质[4-6]。总体上,现阶段针对 C_4F_7N/CO_2 混合气体放电方面的研究以其绝缘击穿性能、放电的气体分解特性和局部放电电学特性为主,很少涉及 C_4F_7N/CO_2 混合气体放电的光学性质。

1.2　GIS 局部放电光学检测技术

光学检测法根据直接采集信号的不同可以大致分为非光辐射采集法和光辐射采集法两大类[7]。非光辐射采集法是指通过采集局部放电产生的非光辐射信号,将其他类型的信号转化为光学信号来进行检测和处理。目前,非光辐射采集法主要包括光学超声波检测法、光纤电流检测法和红外测温法。光学超声波检测法是通过不同的光学干涉原理将局部放电产生的超声波信号转换为光学信号进行采集,应用较多的为 Mach‐Zehnder 型、Fabry‐perot 型和 Michelson 型传感器。这种方法的优势在于传感器可以布置在设备的外部,无须改变设备内部结构,但现场检测的灵敏度还需要进一步研究验证。光纤电流检测法是根据法拉第磁光效应设计的全光纤传感器进行检测,通过将局部放电引起的磁场变化转化为光信号变化,从而实现局部放电的检测。这两种非光辐射采集法都具有较高的灵敏度,但其检测过程需要施加外部光源,这在现场实际应用中存在一定的局限性。局部放电会使 GIS 出现局部过热的现象,可通过红外测温法检测其温度。红外测温法是通过观察设备辐射的红外图像来检测设备的温度变化,从而判断设备是否存在故障的一种方法。该方法能够在设备外部检测,无须与设备接触,但是红外测温较容易受到外界温度变化的干扰和设备内部热传递不均匀的影响,灵敏度不高,只能进行大致的故障排查。

光辐射采集法是通过传感器直接采集局部放电辐射光子的一类光学检测方法。在局部放电的过程中气体分子受电场激发由基态变为活跃的激发态,当激发态的离子发生复合作用又变为稳定的基态时会向外辐射出光子,从而形成局部放电的光辐射现象。为了探测局部放电的光辐射信号,目前应用于局部放电光学检测的传感器主要有紫外光检测、真空光电倍增管(photomultiplier tube, PMT)、硅光电倍增管(silicon photomultiplier,SiPM)、光谱仪和荧光光纤。

紫外光检测是通过紫外光传感器有效地避开可见光的干扰,从而对电力设备局部放电光信号中的紫外波段进行捕捉,目前已有清华大学、重庆大学、宁波大学和中国科学院等科研团队运用紫外功率探测器对电晕放电中的光信号和电流信号进行了对比检测,并研究了在不同的环境条件下,局部放电对紫外光探测的影响。而目前紫外光探测大多用于检测电力设备外部强度较高的故障放电,其灵敏度较低,对 GIS 内部微小的局部放电检测效果不佳。

真空光电倍增管是通过高灵敏度的光电转换模块将光信号转换为电信号的探测器,其响应速度快,能够实时反映采集光强的变化。通常 PMT 的光谱响应范围能够覆盖大部分可见光波段,而 GIS 中典型绝缘气体的放电辐射光谱范围也都在可见光波段,因此能够通过 PMT 进行探测。目前有部分研究人员将 PMT 局部放电检测与其他传统检测方法进行了比较,发现基于 PMT 的光学检测灵敏度更高,并且对于多种典型局部放电缺陷都具有良好的检测效果。也有部分学者通过 PMT 研究了不同气体中局部放电的机理和相关特性。另外,有意大利学者已经将 PMT 安装于实际的 420 kVGIS 上进行了局部放电检测,并取得了较为可观的检测结果,说明 PMT 具有局部放电检测的潜力[8]。但是,由于 PMT 的整套测试系统体积较大,需要高功率电源对其进行供电,目前在实验室中应用较多,在实际现场应用具有一定的局限性。

硅光电倍增管是一种固态的光电转换传感器,具有响应速度快、光谱响应范围宽、体积小的优势,单个 SiPM 传感器的体积只有不到 $1\,cm^3$,这相比于真空光电倍增管具有显著的体积优势,有利于在设备中安装和使用。西安交通大学任明教授最先提出了将 SiPM 应用于 GIS 的局部放电检测中,通过对 SiPM 改造,使其能够直接检测到局部放电在紫外、红外和可见光波段的光学信息,并通过 3 个波段的光学信息对局部放电缺陷进行了大致的聚类。另外,该方法的检测灵敏度也得到验证,验证结果表明其能够适用于多种典型局部放电缺陷的检测。由于不同绝缘气体的放电在不同波段的分布是不同的,其检测效果和缺陷聚类识别效果也会存在差异。目前,基于 SiPM 的局部放电检测研究仅针对 SF_6 绝缘气体,尚未在其他绝缘气体中验证其有效性。

光谱仪检测局部放电主要应用于实验室对局部放电现象的观察和机理研究,其能够精确测量出放电辐射光谱的分布特性。目前有学者对不同气体中的电晕放电发射光谱进行了研究,并对比了正负电晕在光谱上的差别。也有学者通过光谱仪研究了不同电极结构和不同电压频率下局部放电的光谱分布差异,为实际局部放电检测和放电机理提供了有力的理论支持。但由于光谱仪体积较大,并不适用于对实际投运的 GIS 进行局部放电检测,并且光谱仪需要精确调试和校准,对检测光路要求较高,很难捕捉一些存在遮挡或移动的缺陷所辐射出的光信号。

荧光光纤检测法采用的荧光光纤能够采集特定光谱范围的局部放电光辐射信号,具有抗电磁干扰能力强、绝缘性能好、布置灵活和灵敏度高等优点。当局部放电的光辐射在荧光物质的激发光谱范围内时,荧光物质受激发至激发态,然后当其恢复至稳态时向外辐射出荧光,辐射出的荧光沿着光纤传播至光电转换器,最终采集到局部放电信号。1989 年,Muto[9]首次提出将荧光光纤应用于类似 GIS 的设备中进行局部放电的检测,并研究了不同荧光物质对放电现象检测的影响。另外,Mangeret 和 Faven[10]在 1991 年应用荧光光纤检测了 SF₆中的电晕放电现象,也证明了荧光光纤具有检测放电的能力,但整体系统还不适用于现场测试。在国内,目前有西安交通大学、重庆大学、清华大学等科研团队开展了将荧光光纤应用于 GIS 等电力设备中的局部放电检测的相关工作,研究了不同荧光光纤传感器结构对检测效果的影响,得到了光信号与电信号之间的比例关系,并设计出可应用于实际 GIS 盖板上的荧光光纤检测系统。通过一系列研究表明荧光光纤检测法比特高频检测法具有更高的灵敏度[11-15]。

根据上述几种典型的局部放电检测技术的现状分析,各种检测技术都有一定的优势和劣势,现将其总结如表 1-1 所示。

表 1-1　局部放电检测技术对比

方　法	优　点	缺　点	应用情况	检测灵敏度
脉冲电流检测法	可标定实际放电量	易受电磁干扰,不便于现场应用	实验室测试和设备出厂检测	很高
特高频检测法	抗低频干扰	易受外界电磁干扰	目前现场应用广泛,可在线监测	较高
超声波检测法	抗电磁干扰	易受现场振动干扰,且传播损耗大	目前现场广泛应用,可在线监测	一般
化学检测法	不受外界物理信号干扰	易受设备开关电弧影响,且无法在线监测	离线监测,多用于实验室分析	低
光学检测法	可抗电磁和振动干扰,绝缘性好,布置灵活	检测系统不成熟,无法检测绝缘内部放电	处于现场应用的起步阶段	高

1.3　GIS 局部放电故障定位技术

当局部放电故障被检测出之后,准确、及时地对局部放电故障进行定位对后期设备的检修和故障消除具有重要意义,也是针对 GIS 局部放电的关键研究方向之一。目前针对局部放电故障定位的检测方法主要有 5 种,分别为特高频定位法、超声波定位法、特高频-超声波联合定位法、电气定位法和光学定位法[16-17]。每种方法的研究和应用情况总结如下。

1）特高频定位法

特高频定位法的灵敏度高、检测范围广,是目前在现场应用较多的一种局部放电故障定位方法。针对 GIS 的特高频定位法主要包括 3 种定位技术,分别为到达时间差定位、波达方向定位和接收信号强度定位。

到达时间差定位是利用安装在不同位置的特高频传感器采集局部放电特高频信号,通过传感器空间位置和电磁波传播速度等参数计算得到局部放电光源的坐标位置。由于特高频信号的传播速度很快,时间差可能仅为纳秒级别,通过信号达到的时间差进行定位对采集设备的分辨率要求很高。并且,在特高频检测的过程中还存在一定程度的衰减和干扰,这些都会影响时间差的精度。因此,目前许多学者通过不同的处理方法来提高时间差采集的精度和抗干扰性能,如上海交通大学江秀臣团队通过对特高频电磁波传播机理的研究,提出了基于传播路径的脉冲时差定位方法;重庆大学孙才新团队提出了基于频域时差读取的局部放电定位方法,能够有效抵抗外界干扰,提高了定位精度;中国电力科学研究院有限公司团队提出了一种基于 LMS 的自适应时延计算法,能够提高时差定位法的计算精度。虽然时差定位法的原理简单,但是其对设备精度的要求较高,在实际应用时仍然具有一定的局限性。

波达方向定位是通过使用特高频传感器阵列和波达方向估计算法来计算得到局部放电光源的位置,该方法的主要研究方向为不同的传感器阵列布置方式和波达方向估计算法。针对传感器阵列的布置方式,德国有学者提出采用基于分布概率的最优化布置方法,能够从不同的排列方式中选择最优方案;国网福建省电力有限公司团队提出了一种基于微波网络传递系数的传感器阵列布置方法,能够有效满足局部放电检测的灵敏度要求;上海交通大学江秀臣教授团队提出了一种基于虚拟传感阵列的检测与定位方法,在减少传感器布置的同时也保证了一定的检测精度。针对波达估计算法,目前国内外主要有 MUSIC 算法、最大似然估计算法、加权子空间拟合类算法等,通过不同的波达估计算法能够有效提高传感器阵列对环境适应性和抗干扰性能。复杂的波达估计算法容易带来计算量的指数级上升和维数灾难等问题,这也是制约该方法发展的一个关键因素。

接收信号强度定位是一种基于局部放电信号强度特征的定位技术,通过采集多个特高频传感器的局部放电信号强度特征，从中提取出不同局部放电光源所对应的信号强度信息，再根据不同的识别算法得到不同强度特征所对应的故障源的空间位置，该方法也称指纹定位法。上海交通大学 Li 和 Zhang 等[18-19]通过 BP 神经网络与压缩感知算法相结合的方式实现了基于接收信号强度的局部放电故障定位，并且运用极大似然估计算法提高了定位精度。该方法使用的前提是采集充足的局部放电位置信息样本来构建定位指纹库，这对于实际现场的局部放电检测来说工作量较大。

2）超声波定位法

超声波定位是通过计算不同的超声波信号到达传感器的时间差来实现的，根据定位计算中时间基准的不同可将其分为声电定位技术和声声定位技术，分别表示以局部放电电信号为基准和以声信号为基准的定位技术。超声波定位技术的研究方向主要分为两部分，一是传感器阵列的设计，二是定位计算方法的优化。不同的传感器阵列具有不同的采集效果和灵敏度，而不同的定位计算方法决定了定位结果精确性的不同。针对超声波传感器阵列的设计，目前有线形、十字形、方形和圆形等基本形状，也有学者基于基本阵列形状提出了不同类型的优化方式，如基于任意几何形状的阵元指向性优化方式、改进型圆形超声阵列优化方式、EFPI 型光纤超声检测阵列优化方式等，通过对阵元和不同阵列形状的优化能够从不同的角度提高超声波定位的精度，但同时也需要考虑设计成本和现场应用条件。针对超声定位的计算方法，目前有罗日成、刘化龙和 Bua-Nunez I 等[20-22]提出使用遗传算法、粒子群优化算法和三维 LUT 定位等进行局部放电超声定位。因为超声波定位在气体绝缘设备中受超声波信号传播损耗的影响较大，而在变压器油中的衰减相对较少，所以目前超声波定位大多应用于变压器中。但也有印度学者研究了气体介质中基于检测超声波信号强度的定位方法，该方法需要事先采集不同位置的局部放电光源所产生的信号特性，然后再通过粗糙集和 GMM 等模式识别算法对不同位置的局部放电光源进行定位，这是一种对有限体积的气体绝缘设备中局部放电的定位方法。

3）特高频-超声波联合定位法

虽然超声波定位的准确度较高，但是超声波检测信号容易衰减，其检测范围受限；而特高频定位虽然检测范围广，但是基于时差定位的方法对采集设备的分辨率要求较高。因此，有学者提出采用特高频与超声波联合检测的定位方法使两种方法的优势互补,达到更好的检测效果。特高频-超声波联合定位首先通过特高频定位技术大致确定局部放电光源的粗略位置,缩小检测范围。然后以特高频传感器作为时间基准,由于特高频信号传播速度快,在初步定位后的区域内传播时延对定位的影响很小,可将特高频信号作为局部放电发生的触发。最后通过超声波定位技术对局部放电光源进行精确定位。该方法虽然能够将两种检测方法的优点相结合,但也在一定程度上增加了现场检测流程的复杂程度。

4) 电气定位法

电气定位法是一种通过检测局部放电电气信息来进行定位的故障定位方法。该方法仅能定位出故障所在的电气位置,而无法定位出局部放电故障所在的准确空间位置。有学者通过改变设备的电气连接,以及断电与带电操作所显示的设备运行状态来判断故障所在的电气连接区间,若断电后局部放电信号消失,则可确定故障所在的设备间隔。另外,还有学者提出利用局部放电脉冲信号中的特征信息来进行故障定位,由于变压器不同绕组之间的频率特性不同,通过对绕组的传输特性和放电脉冲信号进行分析和提取,再利用电压法、行波法、电容法和频域分析等方法对局部放电进行定位,也取得一定的研究进展。但是该方法在现场应用中操作复杂、易受电磁干扰,且对 GIS 等气体绝缘设备的定位尚未有广泛研究与实际应用,目前主要针对变压器中的研究较多。

5) 光学定位法

光学定位是指通过检测局部放电光辐射信号来实现局部放电光源空间定位的方法。由于气体绝缘电力设备是封闭式结构,该方法能够在有效检测光信号的同时抵抗外界的电磁干扰和声波振动干扰,具有良好的抗干扰性能。目前,基于光子辐射检测的光学定位方法的研究较少,尚处于探索阶段。有德国学者首次提出采用光纤阵列与 FPGA 数字逻辑相结合的方式对固体绝缘表面的小范围区域内的局部放电进行定位,该方法无法准确定位局部放电的准确空间位置,是一种具有指示作用的大致定位,但也为基于光学的局部放电定位提供了新的思路。西安交通大学有学者提出采用硅光电倍增管阵列组合对局部放电进行定位,其定位的前提是放电光源距离传感器较远(>30 cm),从而使放电所辐射的光线对于接收传感器来说相当于平行光,其应用具有一定的局限性。

根据上述对不同定位方法研究现状的概述总结可知,光学定位法相对其他传统定位方法是一种较为新兴且具有潜力的定位方法。

1.4 GIS 局部放电模式识别技术

GIS 局部放电模式识别技术指通过对采集到的各种局部放电信号进行分析处理，从而获得局部放电故障类型的技术。根据现场的运维经验，GIS 中的典型故障类型主要有由金属毛刺等形成的尖端放电、沿 GIS 绝缘表面形成的沿面放电、GIS 内部金属微粒形成的微粒放电、由设备内配件松动引起的悬浮放电等。放电类型关系到局部放电的危害程度和相应的运维排查策略，因此，局部放电的模式识别对 GIS 局部放电检测具有重要的意义，也是目前研究的热点之一。

局部放电的模式识别主要包括两个关键过程：局部放电信号特征提取和局部放电模式识别算法。下面将对这两个过程分别进行研究现状的分析与阐述。

1）局部放电信号特征提取

由于不同的局部放电检测方法所采集的信号性质和形式不同，用于局部放电特征提取的对象和方法也会有所差异。目前，根据特征提取的对象和分析模式的不同，局部放电特征提取方法主要有基于局部放电时间分辨模式（time resolved partial discharge，TRPD）的特征提取方法、基于局部放电相位分辨模式（phase resolved partial discharge，PRPD）的特征提取方法和基于信号变化差值的特征提取方法。

（1）基于 TRPD 的特征提取方法。目前，针对 TRPD 类型的局部放电特征提取可分为基于时域特征参数和基于变换域特征参数的提取方法[23]。

基于时域特征参数的提取方法主要是统计和分析局部放电信号在时域内的统计特征，通过不同的统计特征反映出局部放电单脉冲或连续脉冲中所蕴含的局部放电信息。原始的局部放电时域单脉冲信号能够体现出不同局部放电缺陷之间的差异，但是通过局部放电检测采集到的单脉冲信号容易受到信号传播、采集设备型号和放电光源的影响，使得不同局部放电缺陷之间单脉冲信号的差异不明显，在实际应用中很难使用。不同的是，时域中连续脉冲信号的积累能够更加稳定地反映不同局部放电缺陷的放电特征，克服上述单脉冲信号的缺点。Chang 等[24]通过对特高频局部放电脉冲信号进行有条件的选择，将符合条件的脉冲信号组成集合,然后对脉冲集合进行特征提取和识别,具有较强的鲁棒性。李泽等[5]提出了一种对含噪局部放电时域脉冲序列特征提取并识别的方法,即通过 SURF 算法将脉冲时域分布转化为灰度图像进行特征提取,并与其他传统特征提取方法进行比较,取得了较好的模式识别效果。Li 等[26]通过提取时域信号包络数据的特征参数对局部放电进行模式识别,能够有效识别典型缺陷类型的局部放电。

　　基于变换域特征参数的提取方法主要有频域法、小波分析法、希尔伯特变换、混沌特征等,通过这些方法将局部放电的时域信号变换为相应的特征域进行特征提取。Xie 等[27]对 TRPD 局部放电图谱进行小波变换得到局部放电的多尺度分解子带,然后对分解后的小波子带提取信号能量特征和分形维数特征进行模式识别。除此之外,小波包变换还有很多其他形式,比如一种目前应用较为广泛的特征提取算法。张晓星等[28]对局部放电时间序列提取混沌特征,根据关联维数和熵信息等混沌特征参数对局部放电信号中的内在关联信息进行分析和提取,最后将其应用于分类器中进行识别。通过对局部放电时域脉冲序列进行变换,能够从更多维度提取局部放电信息,但在变换的过程中容易产生特征维数灾难,这会严重增加后期模式识别的计算量,并且会影响识别精度,因此,在应用中通常会与特征降维算法同时使用。

　　(2) 基于 PRPD 的特征提取方法。PRPD 图谱是局部放电检测中最为常见的一种检测图谱,其包含局部放电的相位信息、放电量和放电次数等信息。根据现有的研究和现场应用案例,PRPD 图谱与局部放电类型具有很强的关联性,并且不会随着检测方法或者设备型号的不同发生很大变化,体现出 PRPD 的分布与局部放电缺陷类型有着强相关性。因此,通过对 PRPD 图谱的分析和处理能够有效地提取其中蕴含的与放电类型有关的特征参量,并将其用于模式识别。目前,研究较为普遍的 PRPD 图谱特征参数主要有统计特征参数、图像特征参数、分形特征参数和小波特征参数等。

　　统计特征参数主要体现了 PRPD 图谱的三维特征信息,目前应用较多的为偏斜度、陡峭度和相关系数等参数。通过不同的统计特征参数,能够从各个角度表征局部放电 PRPD 图谱所蕴含的信息。

　　图像特征参数是一种将 PRPD 图谱转化为二维灰度图像或者二维色彩分布图的特征提取方法。其将对三维图谱的处理转换为二维图像的处理,在一定程度上减少了计算和提取难度。秦雪等[29]通过提取 PRPD 图谱的 Tamura 纹理特征、形状特征和熵特征进行局部放电的模式识别,并在不同的分类器验证了模式识别的效果。

分形特征是一种对不规则几何图像的细节进行描述的参数,通过对复杂几何体进行划分,用分数表示复杂几何体的粗糙度,从而从不同的尺度刻画图像的特性。Satish 等[30]在 1995 年首次将分形特征应用于局部放电的特征提取,将局部放电图谱的分形特征和缺失系数投入模式识别算法中进行识别。此后,重庆大学、西安交通大学、马德里理工大学等团队都将分形特征应用于局部放电检测。

小波特征参数不仅可以对局部放电的时域信号进行变换,而且可以将 PRPD 三维图谱进行分解与重构,将原始图谱映射到一个特征空间,从而可能获得更加明显的特征信息。Lalitha 和 Satish[31]运用小波变换对 PRPD 图谱进行多尺度变换,对变换后子带的图谱进行不同方向的特征提取,实现了局部放电的模式识别。另外,淡文刚[32]利用小波变换对 PRPD 图谱进行分解,然后通过能量比例关系对分解后的子图进行特征提取,并对 10 种放电类型进行了有效的识别。

(3)基于信号变化差值的特征提取方法。基于信号变化差值的特征提取方法是将局部放电采集到的电压、相位或者时间数值进行差值处理,然后根据对不同的搭配关系寻找出能够反映局部放电缺陷类型的模式,如 Δu、$\Delta u / \Delta t$、$\Delta q / \Delta t$ 或 $\Delta u / \Delta \phi$。通过对这些基于信号变化差值的模式进行特征提取,能够间接地获取反映局部放电故障特征的信息[33-34]。

2)局部放电模式识别算法

模式识别算法是局部放电故障诊断过程中尤为关键的一步,通过对特征提取后进行有效识别,最终得到局部放电的故障类型。目前研究较多的局部放电模式识别算法有人工神经网络算法、支持向量机、聚类分析和粗糙集理论等。

(1)基于人工神经网络的算法。人工神经网络是一种模仿人脑思维模式的算法结构,通过对样本的学习,进而达到对待测样本的识别。目前,国内外有许多学者采用人工神经网络进行模式识别,重庆大学江涛团队提出了一种改进的 Bagging 算法用于信号处理,并使用人工神经网络算法验证了模式识别的有效性。沙迦美国大学 Swedan 等[35]采用增强式超声波局部放电将检测方法与人工神经网络相结合,实现了局部放电诊断。印度学者 Karthikeyan 等[36]提出了一种基于复杂概率神经网络的模式识别方法,该方法能够适应多种输入信号的局部放电,还有印度学者 Venkatesh 和 Gopal[37]提出了一种通过人工神经网络识别多源局部放电现象。重庆大学周天春团队将标准人工神经网络与其他 4 种改进的人工神经网络模式识别的效果进行了对比,认为 L-M 人工神经网络具有更好的识别效果。

（2）基于支持向量机的算法。支持向量机是一种在文本识别领域应用效果良好的分类识别算法,目前也广泛用于局部放电模式识别。通过支持向量机能够将非线性参量变换为线性参量,然后通过最优边界控制策略获得全局最优解,即局部放电故障类型。支持向量机的模式识别研究主要集中在对其决策性能的优化和输入特征的选择。Hao 等[38-39]较早提出了将支持向量机应用于局部放电的模式识别,并且对算法参数进行了优化,还将不同的特征输入支持向量机进行比较分析。司文荣等[40]通过最小二乘法对支持向量机的决策性能进行了优化,提高了模式识别的精度。Shen 等[41]提出了一种基于最小二乘法的局部放电模式识别方法,能够在更宽的频带范围内削弱窄带干扰,同时还可以抑制窄带干扰。尚海昆等[42]提出利用不同的核函数对不同类型的局部放电信号进行识别,并且通过粒子群算法对核函数的决策过程进行优化,实现了融合多种局部放电特征信息的模式识别。杨志超等[43]对局部放电灰度图像进行特征提取,将抑制干扰后的特征参量投入最小二乘支持向量机中进行模式识别,其准确率高、稳定性强。

（3）基于聚类分析的算法。聚类分析是一种非监督学习的模式识别算法,其无须经过样本的学习训练,而是通过测试样本之间的某种测度或关联程度进行划分,将相似度高的样本聚集在一起,从而实现不同模式的识别。目前,在局部放电的模式识别领域研究和应用较多的聚类分析算法有 k-means 均值算法、模糊聚类算法和高斯混合模型算法等。上海交通大学王辉等[44]采用模糊 C 均值和 GK 均值聚类算法对 24 维的局部放电特征向量进行聚类分析,并提出了一种新的聚类评价指标,能够有效评价局部放电缺陷类型的聚类效果。Chang和 Yang[45]根据特征向量的分布来构建聚类中心,提出基于模糊 C 均值的局部放电聚类识别方法。唐志国等[46]基于信号对比法将抑制干扰后的局部放电信号经灰聚类和模糊聚类联合的方式进行了聚类分析。Contin 等[47]以局部放电脉冲信号的形状特征为聚类对象,实现了基于模糊分类器的多源局部放电信号聚类分析。Lin[48]提出了一种 K-means 聚类与参数权重算法相结合的局部放电聚类方法,该方法根据局部放电的脉冲形状特征识别噪声和放电脉冲类型,具有较好的抗干扰性能。

(4)基于粗糙集理论的算法。粗糙集理论是一种对海量随机数据进行信息提取的算法,无须进行学习训练,通过对样本数据集内蕴含的信息进行筛选,从而得到有用的信息,能够客观地反映数据的特征。Dey 等[49]利用交叉小波变换对局部放电信号进行去噪处理,然后运用粗糙集理论对多种局部放电缺陷信号进行分类,取得了良好的效果。白建社等[50]基于粗糙集理论提取出直流局部放电特征信息,很好地规避了原始信号中的多余信息,提升了局部放电诊断的效果。李清等[51]基于粗糙集理论对高维局部放电包络信号特征进行降维处理,去除冗余特征,提高了聚类分析的准确度。Xiao 等[52]提出了一种利用粗糙集理论识别干扰信号和不同来源局部放电信号的方法,并将其与神经网络和支持向量机算法的分类效果进行比较,发现该方法具有较好的抗干扰性能和识别效果。

(5)其他算法。除了上述几种典型的模式识别方法之外,还有学者提出了其他有效的局部放电模式识别方法。Li 等[53]提出了一种基于 DS 证据理论的局部放电模式识别方法,通过将局部放电的相位分辨信息与时间分辨信息相融合,形成具有互补信息的数据模式,提高了局部放电模式识别的准确率。王艳新等[54]采用域对抗迁移卷积神经网络对 GIS 中的放电缺陷进行识别,解决了现场采集数据样本数量小和环境复杂的问题。Gao 等[55]利用变分模态分解将局部放电信号进行分解,然后运用 Choi-Williams 分布对分解后的局部放电信号进行分析,最后运用优化后的卷积神经网络实现故障的模式识别。Guan 等[56]利用深度森林算法对局部放电灰度图像进行识别,并且识别精度随着样本数量的增加而升高。Yang 等[57]基于压缩感知理论提取局部放电信号的统计特征和范数特征,并利用最小化残差原则实现了直流电压下局部放电故障类型的识别。

参考文献

[1] 张晓星.组合电器局部放电非线性鉴别特征提取与模式识别方法研究[D].重庆:重庆大学,2006.

[2] 邱昌容,王乃庆.电工设备局部放电及其测试技术[M].北京:机械工业出版社,1994.

［3］ Tang N，Chen L，Zhang B，et al. Experimental and theoretical exploration of C_4F_7N gas decomposition under partial discharge［C］// Proceedings of the IEEE International Conference on High Voltage Engineering and Application（ICHVE），2020：1-4.

［4］ Zhang B，Li X，Wang T，et al. Surface charging characteristics of GIL model spacers under DC stress in C_4F_7N/CO_2 gas mixture［J］. IEEE Transactions on Dielectrics and Electrical Insulation，2020，27（2）：597-605.

［5］ 李英楠. C_4F_7N/CO_2 和 C_4F_7N/N_2 混合气体在不同电压形式下的绝缘特性研究［D］.北京：北京交通大学，2019

［6］ 张天然，周文俊，王凌志，等.工频电压下电场不均匀度对 CFN/CO 混合气体绝缘性能的影响［J］.高电压技术，2020，46(3)：1019-1027.

［7］ 刘克民，韩克俊，李军，等.局部放电光学检测技术研究进展［J］.电子测量技术，2015，38(1)：100-103.

［8］ Maria L D，Colombo E，Koltunowicz W. Comparison among PD detection methods for GIS on-site testing［C］//Proceedings of the 1999 Eleventh International Symposium on High Voltage Engineering，1999，5：90-93.

［9］ Muto K. Electric-discharge sensor utilizing fluorescent optical fiber［J］. IEEE Journal of Lightwave Technology，1989，7(7)：1029-1032.

［10］ Mangeret R，Farenc J. Optical detection of partial discharges using fluorescent fiber［J］. IEEE Transactions on Electrical Insulation，1991，26(4)：783-789.

［11］ 唐炬，欧阳有鹏，范敏，等.用于检测变压器局部放电的荧光光纤传感系统研制［J］.高电压技术，2011，37(5)：1129-1135.

［12］ 魏念荣，张旭东，曹海翔，等.用荧光光纤技术检测局部放电信号传感器的研究［J］.清华大学学报：自然科学版，2002，42(3)：329-332.

［13］ 唐炬，刘永刚，裘吟君，等.针-板电极局部放电光测法信号一次积分值与放电量的关系［J］.高电压技术，2012，38(1)：1-8.

［14］ Li J，Xutao H，Liu Z，et al. A novel GIS partial discharge detection sensor with Integrated optical and UHF methods[J]. IEEE Transactions on Power Delivery，2016，33(4)：2047 - 2049.

[15] Han X，Li J，Liang Z，et al. A novel PD detection technique for use in GIS based on a combination of UHF and optical sensors[J]. IEEE Transactions on Instrumentation and Measurement，2018，68(8)：2890 - 2897.

[16] 刘磊,朴文泉,刘振国,等.GIS 局部放电定位技术与现场应用[J].电工电气,2018,(1)：38 - 42.

[17] 徐艳春,王泉,吕密.电力设备局部放电定位技术评述[J].绝缘材料,2017,50(5)：6 - 11.

[18] Li Z，Luo L，Liu Y，et al. UHF partial discharge localization algorithm based on compressed sensing[J]. IEEE Transactions on Dielectrics and Electrical Insulation，2018，25(1)：21 - 29.

[19] Zhang W，Kai B，Zhen L，et al. RSSI fingerprinting-based UHF partial discharge localization technology［C］//Proceedings of the IEEE PES Asia-Pacific Power and Energy Engineering Conference（APPEEC），2016：1364 - 1367.

[20] 罗日成,李卫国,李成榕,等.基于改进 PSO 算法的变压器局部放电超声定位方法[J].电力系统自动化,2005,29(18)：66 - 69.

[21] 刘化龙,胡钋.序列二次规划-遗传算法及其在变压器局部放电超声定位中的应用[J].电网技术,2015,39(1)：130 - 137.

[22] Bua-Nunez I，Posada-Roman J E，Rubio-Serrano J，et al. Instrumentation system for location of partial discharges using acoustic detection with piezoelectric transducers and optical fiber sensors ［J］. IEEE Transactions on Instrumentation and Measurement，2014，63 (5)：1002 - 1013.

[23] 卓然.气体绝缘电器局部放电联合检测的特征优化与故障诊断技术[D].重庆：重庆大学,2014.

[24] Chang C S，Jin J，Chang C，et al. Online source recognition of partial discharge for gas insulated substations using independent component

analysis[J]. IEEE Transactions on Dielectrics and Electrical Insulation，2006，13(4)：892-902.

[25] 李泽，王辉，钱勇，等.基于加速鲁棒特征的含噪局部放电模式识别[J].电工技术学报，2022，37(3)：775-785.

[26] Li J，Jiang T，Harrison R F，et al. Recognition of ultra high frequency partial discharge signals using multi-scale features[J]. IEEE Transactions on Dielectrics and Electrical Insulation，2012，19(4)：1412-1420.

[27] Xie Y，Tang J，Zhou Q. Feature extraction and recognition of UHF partial discharge signals in GIS based on dual-tree complex wavelet transform[J]. International Transactions on Electrical Energy Systems，2010，20(5)：639-649.

[28] 张晓星，舒娜，徐晓刚，等.基于三维谱图混沌特征的 GIS 局部放电识别[J].电工技术学报，2015，30(1)：249-254.

[29] 秦雪，钱勇，许永鹏，等.基于 2D-LPEWT 的特征提取方法在电缆局部放电分析中的应用[J].电工技术学报，2019，34(1)：170-178.

[30] Satish L，Zaengl W，et al. Can fractal features be used for recognizing 3-d partial discharge patterns[J]. IEEE Transactions on Dielectrics and Electrical Insulation，1995，2(3)：352-359.

[31] Lalitha E M，Satish L. Wavelet analysis for classification of multi-source PD patterns[J]. IEEE Transactions on Dielectrics and Electrical Insulation，2000，7(1)：40-47.

[32] 淡文刚.小波变换应用于大型电力变压器局部放电模式识别的研究[D].北京：中国电力科学研究院，2000.

[33] Aschenbrenner D，Kranz H G. Diagnosis potential of different partial discharge features of diverse PD defects in N_2/SF_6 mixtures[C]// Proceedings of the International Conference on Properties and Applications of Dielectric Materials，2003，1：69-72.

[34] 丁登伟，高文胜，刘卫东.采用特高频法的 GIS 典型缺陷特性分析[J].高电压技术，2011，37(3)：706-710.

[35] Swedan A，El-Hag A H，Assaleh K. Enhancement of acoustic based

partial discharge detection using pattern recognition techniques［C］// Proceedings of the International Conference on Electric Power and Energy Conversion Systems（EPECS），2011：1－4.

［36］ Karthikeyan B，Gopal S，Vimala M. Conception of complex probabilistic neural network system for classification of partial discharge patterns using multifarious inputs[J]. Expert Systems with Applications，2005，29(4)：953－963.

［37］ Venkatesh S，Gopal S. Robust heteroscedastic probabilistic neural network for multiple source partial discharge pattern recognition：Significance of outliers on classification capability［J］. Expert Systems with Applications：An International Journal，2011，38（9）：11501－11514.

［38］ Hao L，Lewin P L，Tian Y，et al. Partial discharge identification using a support vector machine［C］// Proceedings of the Annual Report Conference on Electrical Insulation and Dielectric Phenomena（CEIDP），2005：414－417.

［39］ Hao L，Lewin P L，Dodd S J. Comparison of support vector machine based partial discharge identification parameters[C]//Proceedings of the Conference Record of the IEEE International Symposium on Electrical Insulation，2006：110－113.

［40］ 司文荣,李军浩,袁鹏,等.气体绝缘组合电器多局部放电源的检测与识别［J].中国电机工程学报,2009,29(16)：119－126.

［41］ Shen H，Kong X，Chen X，et al. Interference suppressing in partial discharge based on LS－SVM regression and EMD algorithm［C］// Proceedings of the International Symposium on Test Automation and Instrumentation（ISTAI），2010：635－641.

［42］ 尚海昆,苑津莎,王瑜,等.多核多分类相关向量机在变压器局部放电模式识别中的应用[J].电工技术学报,2014,29(11)：221－228.

［43］ 杨志超,范立新,杨成顺,等.基于 GK 模糊聚类和 LS－SVC 的 GIS 局部放电类型识别[J].电力系统保护与控制,2014,42(20)：38－45.

[44] 王辉,郑文栋,吴晓春,等.模糊聚类算法参数优选方法及其在局部放电模式识别中的应用[J].高电压技术,2010,36(12):3002-3006.

[45] Chang W, Yang H. Application of fuzzy c-means clustering approach to partial discharge pattern recognition of cast-resin current transformers [C]//Proceedings of the IEEE 8th International Conference on Properties and Applications of Dielectric Materials,2006:372-375.

[46] 唐志国,王彩雄,陈金祥,等.局部放电 UHF 脉冲干扰的排除与信号的聚类分析[J].高电压技术,2009,35(5):1026-1031.

[47] Contin A, Cavallini A, Montanari G C, et al. Digital detection and fuzzy classification of partial discharge signals[J]. IEEE Transactions on Dielectrics and Electrical Insulation,2002,9(3):335-348.

[48] Lin, Yu-Hsun. Using k-means clustering and parameter weighting for partial-discharge noise suppression[J]. IEEE Transactions on Power Delivery,2011,26(4):2380-2390.

[49] Dey D, Chatterjee B, Chakravorti S, et al. Cross-wavelet transform based feature extraction for classification of noisy partial discharge signals[C]//Proceedings of the Annual IEEE India Conference,2008:499-504.

[50] 白建社,董小兵,江秀臣.基于粗糙集的直流局放知识获取与故障诊断[J].高电压技术,2006,32(4):41-43,57.

[51] 李清,段大鹏,邱武斌,等.基于粗糙集降维理论的 GIS 超高频局放包络模式识别方法[J].高压电器,2012,48(3):6-11.

[52] Peng X S, Wen J Y, Li Z H, et al. Rough set theory applied to pattern recognition of Partial Discharge in noise affected cable data[J]. IEEE Transactions on Dielectrics and Electrical Insulation,2017,24(1):147-156.

[53] Li L, Tang J, Liu Y. Partial discharge recognition in gas insulated switchgear based on multi-information fusion[J]. IEEE Transactions on Dielectrics and Electrical Insulation,2015,22(2):1080-1087.

[54] 王艳新,闫静,王建华,等.基于域对抗迁移卷积神经网络的小样本 GIS 绝

19

缘缺陷智能诊断方法[J].电工技术学报,2022,37(9)：2150－2160.

[55] Gao A，Zhu Y，Cai W，et al. Pattern recognition of partial discharge based on VMD－CWD spectrum and optimized CNN with cross-layer feature fusion[J]. IEEE Access，2020，8：151296－151306.

[56] Guan J，Guo M，Fang S. Partial discharge pattern recognition of transformer based on deep forest algorithm[J]. Journal of Physics Conference Series，2020，1437：012083.

[57] Yang F，Sheng G，Xu Y，et al. Partial discharge pattern recognition of XLPE cables at DC voltage based on the compressed sensing theory[J]. IEEE Transactions on Dielectrics and Electrical Insulation，2017，24(5)：2977－2985.

第 **2** 章

GIS 局部放电光学原理
研究及采集技术

本章对 GIS 局部放电的产生原理进行了分析,并通过建立典型的 GIS 腔体光学仿真模型,探究局部放电光信号在 GIS 腔体内的辐射与传播特性。本章还介绍了基于 SiPM 和荧光光纤的两种局部放电光信号的采集方法,并对比分析了不同光信号采集方式的适用场景和特点,为本书后续章节提供了理论和技术的支持。

2.1 局部放电光信号产生原理

理解局部放电光信号的产生原理对早期故障检测和预防具有重要意义。本节将探讨不同缺陷导致的局部放电的产生原理,分析气体放电过程中光谱的形成机制,并比较不同气体环境下局部放电光信号的差异。这些研究为开发高效的局部放电检测技术提供了理论基础。

2.1.1 不同缺陷局部放电的产生原理

根据国际标准 IEC 60270:2000,局部放电定义为局部的电气放电,其只是部分地将导体之间的绝缘进行桥接,在导体的近端和远端都可能发生[1]。局部放电通常是 GIS 绝缘中局部电应力集中的结果,这种放电以脉冲的形式出现,持续时间远远小于 1 μs。引起局部放电的因素有很多,如 GIS 中的悬浮电位、微粒放电、尖端放电、裂纹和沿面放电等。其放电过程能反映设备绝缘的劣化状态,长时间的局部放电能够导致绝缘被完全击穿,最终使设备失效。因此,为了确保高压设备的可靠运行,需要充分了解局部放电的产生原理和特性。本节将介绍几种典型缺陷的局部放电过程。

1) 尖端放电

尖端放电也称电晕放电,是一种当导体周围的电压梯度超过临界值时气体电离而产生的放电现象,其发生在两个电极之间、气体绝缘的尖锐处和边缘,能够造成高压设备的损耗、无线电干扰和绝缘气体副产物等不良影响。电晕放电根据高压侧的位置可分为正电晕和负电晕两种类型,如图 2-1 所示。

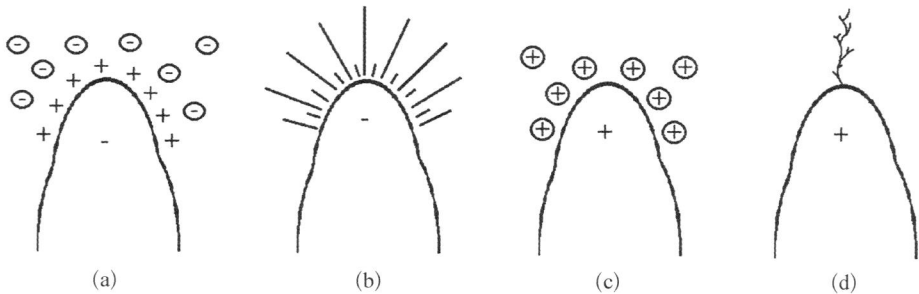

(a)　　　　　　　(b)　　　　　　　(c)　　　　　　　(d)

图 2-1　负电晕放电与正电晕放电示意图

(a)(b) 负电晕放电;(c)(d) 正电晕放电

负电晕放电是由负极性的尖锐区域产生,由于尖端具有负极性,汤逊放电很容易在电极的尖端发生。在负电晕放电的过程中,由于电子受电场力而远离尖端,在尖端附近会出现正电荷,这些远离的电子吸附在气体分子上从而形成空间负电荷。其中,尖端附近的正电荷有部分消失于负电极中,剩余的大部分正电荷聚集在尖端附近使得电场发生畸变,如图 2-1(a)所示。由于负电晕放电尖端附近的电场被加强,更加容易形成自持放电,这也是电晕放电首先出现在工频电压负半轴的原因。

正电晕放电是当放电尖端具有正极性时引起的放电,受尖端正极性电压的影响,空间中的电子在电场力的作用下向正极性尖端移动,当电子崩到达尖端后便进入尖端电极,而正电荷仍停留在空间,并较为缓慢地向负极性电极移动,从而在尖端附近存在正电荷的聚集[见图 2-1(c)],这样便削弱了尖端附近的电场,使正电晕放电相比于负电晕放电更加难以发生。

根据上述分析可知,电晕放电的起始放电电压取决于尖端的曲率半径,而不取决于外加电场,曲率半径越大,电场畸变越严重,起始放电电压越低,即使在较低的电压下也可能发生电晕放电。因此,这也是必须防止 GIS 出现任何尖锐部件和边缘的原因。

2)沿面放电

在切向电场存在的情况下,沿着绝缘表面发生放电的现象称为沿面放电。沿面放电可以通过等效电路模型来表示(见图 2-2),这是一种电介质中电场实际行为的体现。图 2-2 表示一个垂直电极作用于固体绝缘介质的表面,我们发现在电极、固体绝缘介质和气体介质的交界点处由于电场的集中通常最容易发生放电。如果绝缘介质的表面存在部分导电污染层,表面电阻则会相应下降,更加容易引发沿面放电。

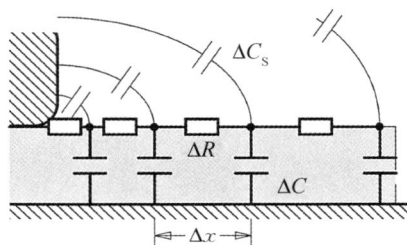

图 2-2　沿面放电等效电路

注:ΔC 为等效绝缘层的电容;ΔC_s 为等效电极与空气中的杂散电容;ΔR 为固体绝缘介质的表面电阻;Δx 为固体绝缘介质表面的单位距离。

3)微粒放电

微粒放电是 GIS 中较为典型的一种缺陷,通常因设备老化或者在安装制造过程中设备受到污染等所致,其能够引发多种故障类型。例如,微粒放电的自由移动粒子靠近 GIS 导体时会触发闪络现象;另外,放电微粒还会造成 GIS 内部结构碳化,影响设备安全运行。

在微粒放电过程中,自由粒子运动是由电场驱动导致的。当微粒与带电的 GIS 腔体接触时,便获得了表面感应电荷,然后在背景电场的作用下,这种表面感应电荷便会对自由微粒施加库仑力,当施加的库仑力大于反向的阻力时粒子便开始运动。表面电荷的分布与微粒的尺寸、形状、运动方向和位置都有着密切的关系,且带电粒子会使电场分布发生变化,因此本书根据微粒所处的外界条件和自身运动状态,将微粒放电划分为 4 个阶段,如图 2-3 所示。其中,根据交流电压的极性反转分为两种外施电压情况。微粒放电的 4 个放电阶段介绍如下。

阶段一:该阶段一个质量为 m 的自由微粒处于临界运动状态(见图 2-3 中①)。在这个阶段中微粒主要受静电场力 F_e 和重力 mg 的作用,微粒的临界起跳状态可表示为[2]

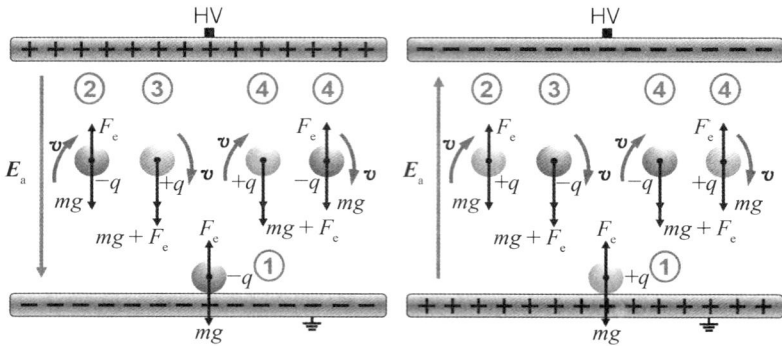

图 2-3　微粒放电的 4 个放电阶段

注：序号代表不同的阶段。

$$F_e = E_a q = \frac{U}{d} \cdot \frac{2\pi^3 \varepsilon r^2 U}{3d} \geqslant mg \qquad (2-1)$$

式中，E_a 为外部电场强度；q 为电荷量；U 为外施电压；ε 为介电常数；d 为两个电极之间的距离；r 为微粒的半径；g 为重力场加速度。在这个阶段，微粒的初始速度为 0，只有当微粒满足公式（2-1）时才会发生起跳，然后在接下来的运动过程中与极板发生碰撞后才会放电。

阶段二：该阶段粒子的运动方向与 F_e 同向，且外部电场力在逐渐增加（见图 2-3 中②），此时对应于正弦电压的幅值上升阶段。微粒在此阶段是悬浮于绝缘气体当中的，主要受 F_e、mg 和阻力 F_d 的影响。由于微粒很小，在这种情况下可基本忽略气体阻力的影响[3]，从而得到该阶段的运动学表达式如下：

$$F_e - mg = m \frac{\mathrm{d}\boldsymbol{v}}{\mathrm{d}t} \qquad (2-2)$$

式中，$\boldsymbol{v}$ 表示微粒的速度，定义垂直于平板向上的方向为正。当一个微粒离开电极进行下一次放电时，粒子携带的电荷 q 可以视为常数，所以当外部电场力逐渐增加时，微粒运动的加速度也会逐渐增加。

阶段三：该阶段微粒的运动方向与 F_e 同向，且外部电场力在逐渐减小（见图 2-3 中③），此时对应于正弦电压的幅值下降阶段，微粒到达上极板后携带与上极板相同的电荷，然后反弹向下运动。此时微粒的运动学表达式如下：

$$-F_e - mg = m \frac{\mathrm{d}\boldsymbol{v}}{\mathrm{d}t} \qquad (2-3)$$

此时,外施电压幅值下降,微粒在电荷量不变的情况下,加速度降低。

阶段四:该阶段微粒的运动方向与外加电场力相反(见图 2 - 3 中④),此时微粒已经起跳并悬浮于空中。该阶段主要发生在正弦电压在 0°和 180°相位附近电压极性变换后的幅值上升阶段,即微粒在上升或下降运动的过程中电压的极性出现变化。

当微粒上升时,反方向逐渐增大的外部电场会直接产生反向的加速度,也可用公式(2 - 3)表示。当反向电场足够大时,可能会导致微粒迅速返回电极板;而当反向加速度很小时,也会出现到达上极板的时间延后或者上升一段时间后未达到上极板就迅速下降的现象。当微粒下降时,反方向逐渐增大的外部电场会使得微粒下落的加速度减小,从而延迟微粒下降到达下极板的时间,可用公式(2 - 2)表示。

上述 4 个阶段基本可以描述微粒放电的不同过程,但由于微粒运动具有很强的随机性,并且在一般情况下会存在多个自由微粒同时放电的情况,其放电过程将更加复杂和随机。本书介绍的 4 个阶段虽然不能完全体现微粒放电的整个过程,但可以基本上反映微粒放电几个典型阶段。

4) 悬浮放电

悬浮放电缺陷主要是由 GIS 中的屏蔽电极与导体之间产生松动而引起的,这种松动主要是长时间的机械振动和老化等因素共同作用的结果。悬浮的电极产生电位,当电位差超过了气体的绝缘强度时便产生了局部放电。相比于其他缺陷,悬浮放电的幅值相对较高。虽然悬浮放电不会立即造成绝缘被击穿,但绝缘材料可能会因放电受到损伤,并导致一些杂质颗粒产生。本书将交流电压下悬浮放电的基本过程分为 4 个阶段,以典型悬浮缺陷的人工模型为例进行解释(见图 2 - 4),有一金属电极悬浮于气体与固体绝缘中间,图中这 4 个阶段主要是根据悬浮放电过程中电场的变换而进行的划分。

第一阶段是悬浮放电的起始阶段,假设处于正弦电压的正半周期。由于外部电压的存在,悬浮电极获得了一个悬浮电位,在高压电极与悬浮电极之间以及悬浮电极与地电极之间会形成电场,此时还未发生连续的悬浮放电现象。

第二阶段是第一次局部放电在正弦电压的正半周期发生之后电场与电荷分布的过渡阶段,这是因为上部的正电极能够在其头部感应出负电荷,下部的悬浮

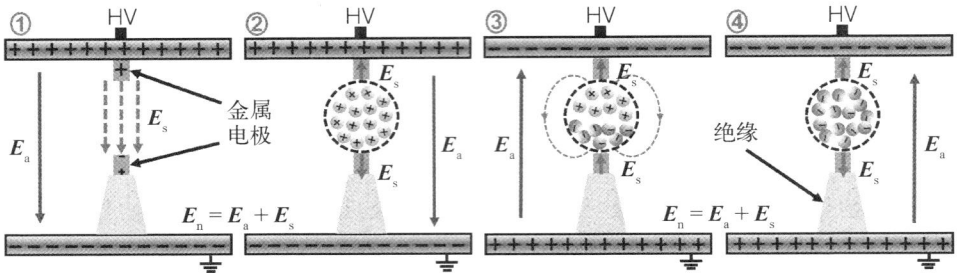

图 2－4　悬浮放电的 4 个主要阶段

注：E_a 表示外施电压形成的外部电场；E_s 表示空间电荷形成空间静电场；E_n 表示外部电场和空间静电场形成的合成电场。

金属电极能够感应出正电荷(正负电荷总和为零)。当局部放电发生后,气体间隙中的负电荷会进入上方的正电极中,而在空间中留下部分正电荷,这些正电荷将停留在悬浮电极与正电极之间的间隙中,形成与外部电场方向相反的空间静电场,抑制了局部放电的再次发生。但事实上,空间电荷不会在间隙停留很久,基本上在几十微秒后便会消失或迁移。

第三阶段处于正弦电压的负半周期,在这个阶段随着外施电压的幅值从正值过零转变为负值,由外施电压而产生的电场也会下降并改变其方向。此时,悬浮电极表面空间电荷所形成的静电场方向不变,而外部电场的方向由于电压极性的变化而反向,使得外部电场与静电场同向,间隙中的整体电场超过局部放电的起始放电电场,最终引起新一次的局部放电,这个过程更可能发生在正弦电压幅值过零处。在此次放电之后,悬浮电极表面的电荷基本被中和或者变为负电荷。当电压的幅值在负半周逐渐增大时,还可能观察到下一次放电。当正弦电压在负半周向正半周转变时,还会发生上述过程,由此在每一周期不断地重复。

第四阶段是局部放电发生在负半周后电场与电荷分布的过渡阶段,空间中的正电荷由于放电转移到了阴极之中,随后大量的负电荷停留在了电极间隙当中,这在很短的时间内抑制了局部放电的再次发生。

2.1.2　气体放电的光谱产生原理

气体局部放电的过程会伴随光子的产生与辐射,掌握局部放电光学信号的产生原理有利于对其进行检测和分析,这是局部放电光学检测的基础。电离是产生带电粒子的重要方式,其表示电子脱离原子核形成正离子和自由电子的过程。电离的方式主要包括热电离、光电离和碰撞电离,这 3 种电离过程是相互依存、彼此影响的。热电离指由于气体分子受到外界高热环境的影响,使气体分子的运动速度加快,从而产生高能分子;而快速运动的高能分子又会增加与粒子的碰撞,从而加剧碰撞电离;同时,由于在高热状态下,粒子更容易向外辐射光信号,气体粒子之间更加容易发生光电离。

在交流局部放电实验中,交流电源可以看作是能量注入源。在这个过程中,因为任何气体都存在一定比例的自由电子,所以在外施电压的情况下自由电子变为高能电子,并发生定向移动。在电子碰撞及电子崩发展的过程中会引起气体分子的电离和重组,在这期间会发生电子跃迁。当原子、分子和离子被外界能量激发时,它们会从基态或较低的能级跃迁到较高的能级。当它回到基态或更低的能级时,不同的粒子会辐射出不同波长的光,释放能量,从而使气体的放电过程经常伴随不同波长的光辐射。当外部输入能量足够大时,辐射出的光子还会继续作用于其他粒子引发光电离,剧烈时会导致流注放电的产生。

在局部放电过程中,粒子跃迁辐射出的光频率可以表示为

$$\nu = \frac{E_2 - E_1}{h} \tag{2-4}$$

$$\lambda = \frac{c}{\nu} \tag{2-5}$$

式中,ν 为光子频率;E_1 和 E_2 分别为粒子低能级和高能级所蕴含的能量;h 为普朗克常数;c 为光速常数。上述光子产生的过程是局部放电光信号产生的基本原理,其在放电的过程中还会受到其他因素的影响。

在气体局部放电的过程中光子主要产生于放电的电离区和附着区,定义特定波长 λ 下与光子激发和光子吸收相关的截面系数分别为 $\sigma_{e,\lambda}$ 和 $\sigma_{a,\lambda}$,由此得到光子的净产生率为[4]

$$\sigma'_{e,\lambda} = \sigma_{e,\lambda} - \sigma_{a,\lambda} \tag{2-6}$$

由此,在局部放电电场 V 的作用下,特定波长光子的产生概率可以表示为

$$P(\lambda) = \int_V \frac{k_B}{n} \sigma'_{e,\lambda} \approx nK\sigma'_{e,\lambda} \qquad (2-7)$$

式中 k_B 是玻尔兹曼常数;n 是气体密度;K 是放电缺陷的几何结构、气体分子表面参数和外加电场的无量纲函数。

另外,光子在耦合之前会经过一系列的吸收和散射过程,根据 Beer - Lambert 定律可知总截面系数与光强的吸收度相关,其中光强吸收度与粒子浓度成正比,可表示为

$$A_\lambda = Cl\sigma_{a,\lambda} \qquad (2-8)$$

式中,A_λ 为波长 λ 下的光吸收度;C 为粒子数密度;l 为路径长度。

又因为光的吸收度是透过率倒数的对数,所以局部放电在波长 λ 下的光辐射强度可以表示为

$$I_\lambda \propto nK\sigma'_{e,\lambda}\exp(-\sigma_{a,\lambda}nl) \qquad (2-9)$$

根据公式(2-9)可以得到,局部放电在特定波长下的光辐射强度与气体压强、光子路径、相关的粒子截面系数和放电缺陷的几何结构有关。因此,在气体条件和放电环境相同的情况下,不同的放电缺陷会辐射出不同的光谱分布,这为通过放电的多光谱特征来区分缺陷类型提供了理论支撑。

2.1.3　不同气体中局部放电光信号的差异

目前,在电网系统中投运的 GIS 主要是以 SF_6 作为绝缘气体,但是 SF_6 气体是一种严重的温室气体,其全球变暖潜力值是 CO_2 的 23 500 倍,严重影响设备的低碳环保运行。因此,为了寻求 SF_6 的环保替代气体,3M 公司提出了使用 C_4F_7N/CO_2 混合气体作为 GIS 的绝缘气体,其中 C_4F_7N 的全球变暖潜力值约为 2 200,明显低于 SF_6。国内外已有多个投运的 C_4F_7N/CO_2 混合气体 GIS,是目前业内较为认可的一种环保型绝缘气体,具有较好的应用前景。然而,目前针对环保型 C_4F_7N/CO_2 混合气体 GIS 局部放电的光学相关研究还处于空白,很少有针对 C_4F_7N/CO_2 混合气体中放电光辐射信号的相关研究。因此,本书在研究 SF_6 局部放电光学信号产生原理的同时,也对 C_4F_7N/CO_2 混合气体中局部放电

的光信号产生过程进行了研究,这可为未来环保型 GIS 的光学检测提供理论支持。

根据气体放电的光子产生原理,不同的粒子在放电过程中存在不同的电子跃迁反应,不同反应的能级之间也存在差异,所以在仅考虑气体分子本身而不考虑其他外界条件的情况下,不同的气体分子在放电过程中会向外辐射不同频率的光子,宏观表现则是不同波长的光信号。

气体分子的光辐射反应主要涉及不同气体分子化学键的断裂与复合,因此光子产生过程中能级的跃迁与气体分子的化学键有着直接的联系,本书涉及的 3 种气体(CO_2、C_4F_7N 和 SF_6)的分子结构如图 2-5 所示。根据 3 种不同的分子结构,结合化学键的分布和电子的迁移,能够得到在 SF_6 气体和 C_4F_7N/CO_2 混合气体中主要气体分子的放电反应(见表 2-1)。通过对气体分子和放电反应式的分析,SF_6 和 C_4F_7N/CO_2 两类绝缘气体在 GIS 中发生局部放电所辐射出的光谱分布是明显不同的,这也说明了研究不同气体局部放电多光谱特征的必要性,本书将在之后的章节进一步研究不同气体的局部放电多光谱特性。

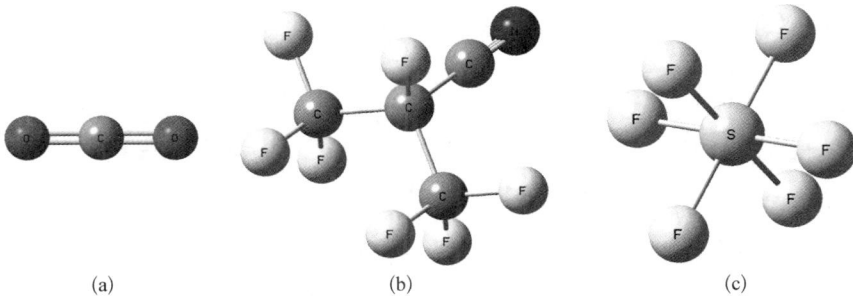

(a)　　　　　　　　　(b)　　　　　　　　　(c)

图 2-5　三种气体的分子结构图

(a) CO_2;(b) C_4F_7N;(c) SF_6

表 2-1　SF_6 和 C_4F_7N/CO_2 中主要气体分子的放电反应

气 体 种 类	反 应 方 程 式
SF_6	$SF_6 \rightarrow SF_x + (6-x)F,\ x<5$ $SF_x \rightarrow SF_{x-1} + F$ $SF_x^- + SF_6 \rightarrow F^- + SF_x + SF_5$

气 体 种 类	反 应 方 程 式
C_4F_7N/CO_2	$C_4F_7N \rightarrow (CF_3)_2CF + CN$ $(CF_3)_2CF \rightarrow (CF_3)_2C + F$ $CF_3CFCN \rightarrow CN + CF_3CF$ $CF_3CF \rightarrow C - CF_3 + F$ $CF_2 \rightarrow CF + F$ $CO_2 \rightarrow CO + O$ $CO_2 + O \rightarrow CO + O_2$

2.2　GIS 局部放电光信号辐射与传播特性

在明确了局部放电光信号的产生原理后,为了探明 GIS 局部放电光信号在 GIS 罐体中的辐射与传播特性,本书利用 Tracepro 软件搭建了 GIS 光学仿真模型,探究不同位置的局部放电光源在 GIS 中的光辐射特性与传播规律。

2.2.1　GIS 光辐射与传播仿真模型

本书在 Tracepro 软件中搭建了一段 GIS 仿真腔体,长度为 1.25 m,腔体轴线上的母线直径为 0.09 m,整个腔体的内直径为 0.38 m,在 GIS 腔体的一侧设置有一个手孔盖板,从而更真实地模拟 GIS 结构。GIS 局部放电光学辐射与传播模型如图 2-6 所示。该仿真模型的 X 轴为沿 GIS 腔体轴线,

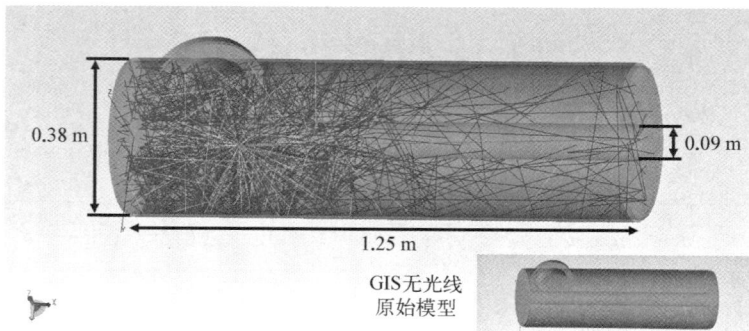

图 2-6　GIS 局部放电光学辐射与传播模型

注:腔体内的线条为局部放电光信号辐射传播示意图。

Y-Z 轴所在平面为 GIS 腔体的横截面。

本书将 GIS 仿真腔体的材料设置为抛光并氧化的中等光滑的铝,基本与实际情况相近,该材料的吸收系数、镜面反射系数和漫反射系数分别为 30%、20% 和 50%,并遵从双向反射分布函数模型。SF_6 为目前 GIS 的主要填充气体,其折射系数为 1.000 783,与空气折射系数 1 基本相似,因此该仿真腔体内的气体设置为空气[5]。

以球型表面光源作为仿真模型局部放电光源向外辐射光信号,总辐射光线数设置为 1 000 条,总辐射光通量设置为 100 W[6]。GIS 局部放电故障的频发区域主要位于母线周围和腔体内壁附近,而母线和内壁之间的空间中故障的发生率较低,因此本书在 GIS 仿真腔体的母线外侧和腔体的内壁上各设置了一个局部放电源,分别观察这两种典型位置的局部放电光源所辐射的光信号特性;同时,也在 GIS 仿真腔体中均匀地选择了 6 个探测面(每个探测面均为 GIS 的横截面)来分析不同局部放电光源辐射的光信号在不通过探测面上的分布规律,其中两个局部放电光源位置分别记为 A(靠近母线)和 B(靠近腔体内壁),这两个局部放电光源都位于探测面 2 上,且处于同一条横截面半径上,6 个探测面从左至右的编号为 1~6,如图 2-7 所示。

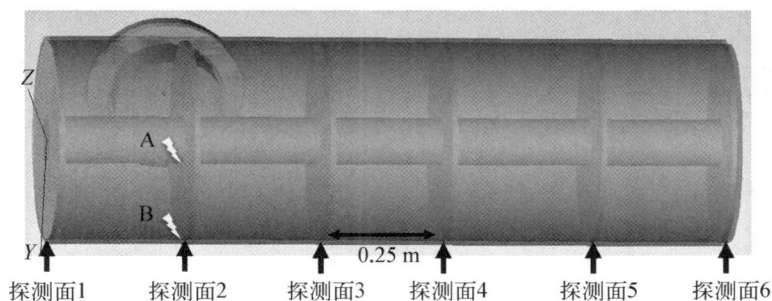

图 2-7　GIS 光学仿真设置

2.2.2　光信号辐射与传播特性

根据上述的仿真设置,本书分别仿真了当 A、B 两个局部放电光源发生局部放电时各探测面上所接收到的光辐射分布,以及每个探测面上沿 Z 轴和 Y 轴上的光通量数值变化(见图 2-8～图 2-13),图中左侧为探测面上的光通量分布图,右侧为沿 Z 轴和 Y 轴上的光通量数值变化曲线图。

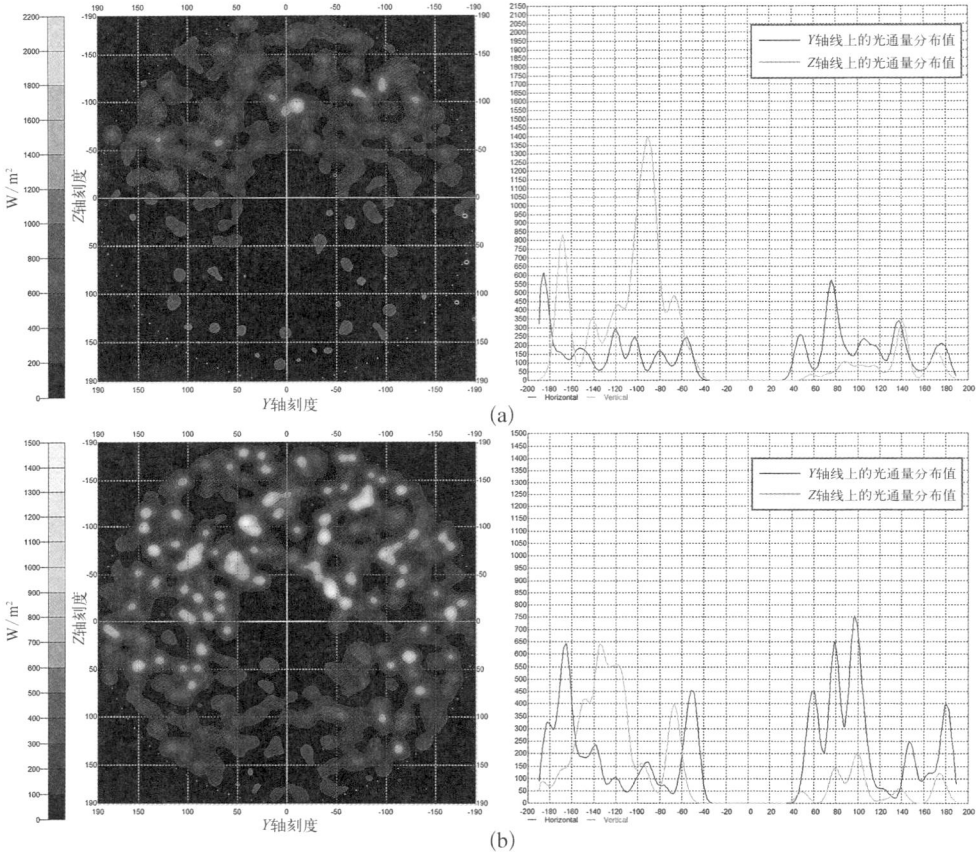

(a)

(b)

图 2-8 两个局部放电光源在探测面 1 上的光通量分布

(a) 局部放电光源 A;(b) 局部放电光源 B

　　对比不同放电光源在同一探测面上的分布可知,A、B 局部放电光源所辐射的光通量在距离局部放电光源较近的探测面上的分布差异相对较大,随着探测面距离的增大,不同局部放电光源在同一探测面上的光通量分布大致趋于相似,这是由光的反射与散射导致的光线在光源处的分布较为集中;而随着传播距离的增大,光线分布更加分散,使得光通量的分布相对均匀。随着探测面远离局部放电光源,探测面所接收的总光通量逐渐降低(见图 2-9)。由于局部放电光源位于探测面 2 上,光通量分布集中于光源周

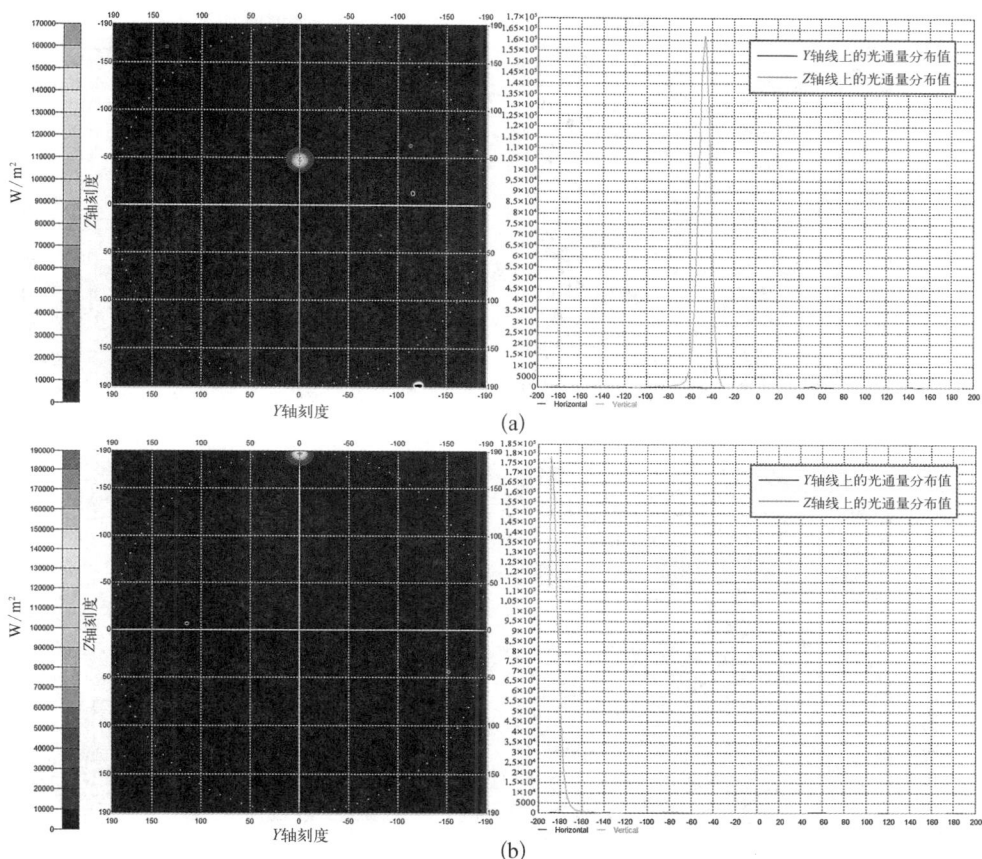

图 2 - 9　两个局部放电光源在探测面 2 上的光通量分布

(a) 局部放电光源 A；(b) 局部放电光源 B

围，并没有散射分布。同时，观察沿 Y 轴和 Z 轴的光通量数值分布曲线可知，因为局部放电光源都设置在 Z 轴上，所以沿 Z 轴方向的光通量分布在大多数情况下都高于沿 Y 轴上的光通量分布的，说明 GIS 中母线的遮挡以及光在传播路径中的衰减会对光通量的辐射传播产生影响。

为了探明局部放电光信号在每个探测面中单位面积上的光通量辐射强度，本书分别计算了两个局部放电光源在探测面 2～6 上的单位面积光通量辐射强度的平均值，即距离局部放电光源垂直距离 0～1 m 的探测面位置上的单位面积平均光通量辐射强度变化，如图 2 - 14 所示。从图中能够看出，随着探测面与光源垂直距离的增大，探测面上单位面积的平均光通量逐渐

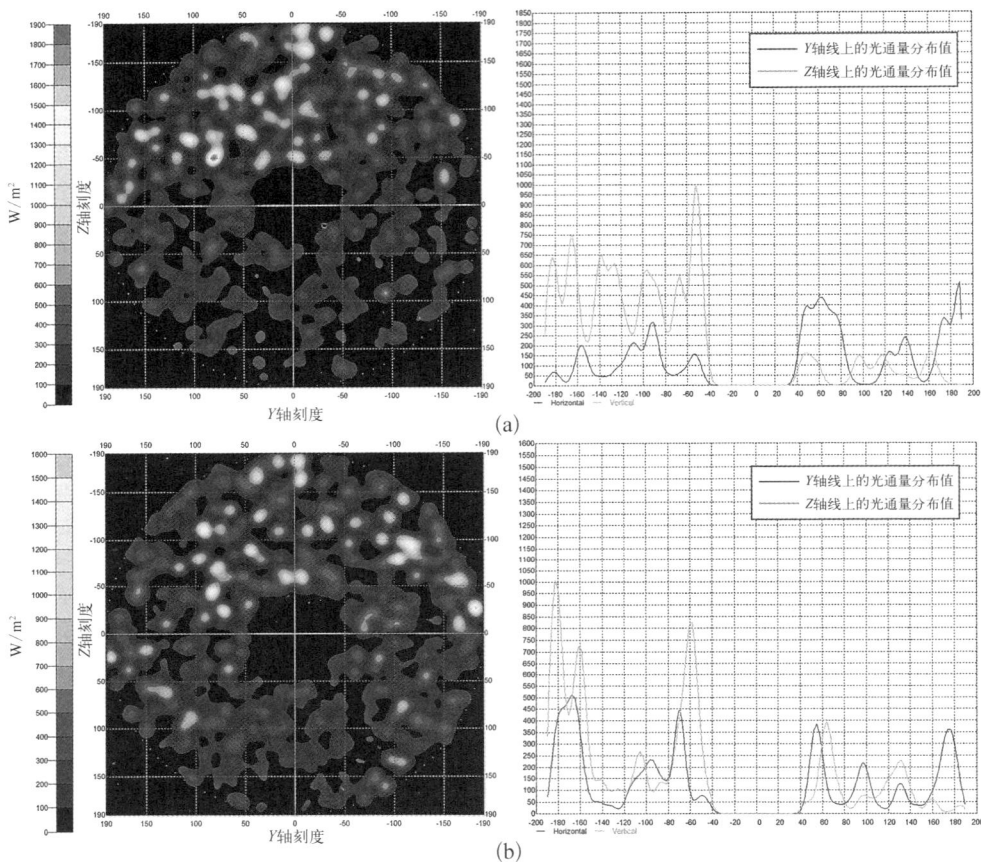

图 2‒10　两个局部放电光源在探测面 3 上的光通量分布

（a）局部放电光源 A；（b）局部放电光源 B

下降。并且,当探测面与局部放电光源的垂直距离较近时,A 局部放电光源辐射的单位面积平均光通量高于 B 局部放电光源,而随着探测面垂直距离的逐渐增大,A 局部放电光源所辐射的单位面积平均光通量又低于 B 局部放电光源,这说明同一半径上的两个局部放电光源,在母线附近的局部放电光源所辐射的光信号在 GIS 腔体内传播时的远距离衰减要比 GIS 腔体内壁上的局部放电光源严重,而在距离局部放电光源较近的探测面中,母线附近的局部放电光源辐射的光信号具有更强的辐射光通量,衰减相对较低。

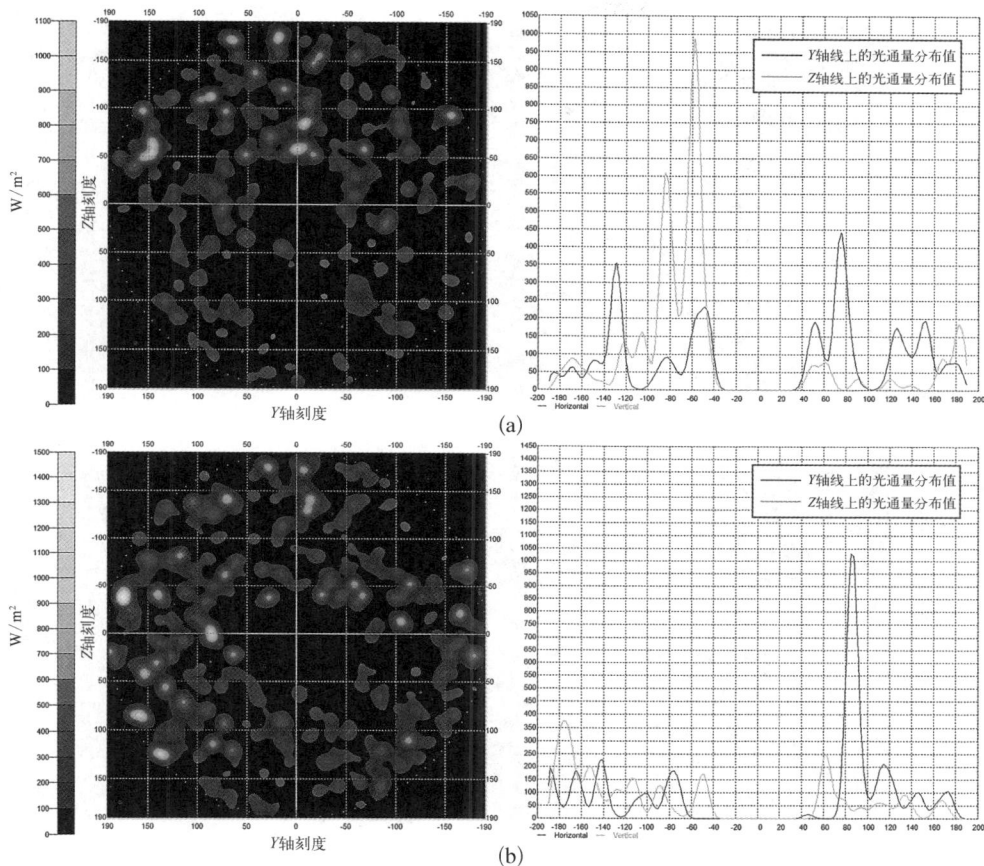

图 2-11　两个局部放电光源在探测面 4 上的光通量分布

(a) 局部放电光源 A；(b) 局部放电光源 B

　　A、B 两个局部放电光源的单位面积平均光通量随探测面距离的变化趋势基本相似，因此本书选取其中一个进行拟合分析，得到局部放电光信号在 GIS 腔体内的传播衰减曲线（见图 2-14 中拟合曲线），由此得到的光信号辐射衰减特性方程为

$$y = 29.24 + 490.11 \times 0.99^x \tag{2-10}$$

式中，y 为单位面积平均光通量；x 为单位面积所在腔体横截面与局部放电光源的垂直距离。

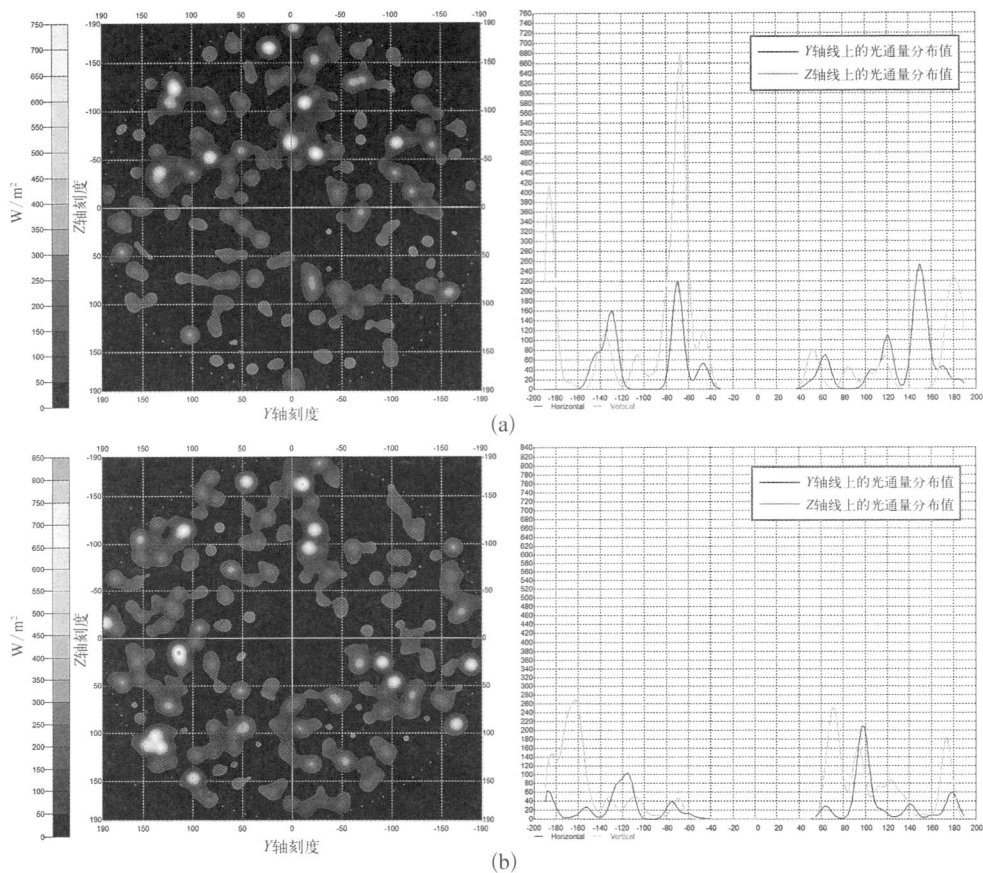

图 2‑12　两个局部放电光源在探测面 5 上的光通量分布

(a) 局部放电光源 A；(b) 局部放电光源 B

　　因为不同 GIS 腔体的内部结构和形状不同，而结构的遮挡与设备内部的折反射对局部放电光信号的传播影响很大，所以不同的 GIS 腔体会对应不同的衰减特性方程。本书得到的是一种典型的光信号传播规律，而非一种精确的光信号强度衰减计算方程，但能够反映 GIS 局部放电光信号的辐射与传播特性[7]。

　　由此，根据上述所分析的局部放电光信号的辐射分布和光通量衰减规律，能够为之后局部放电光学传感器的安装和布置提供必要的理论参考依据。

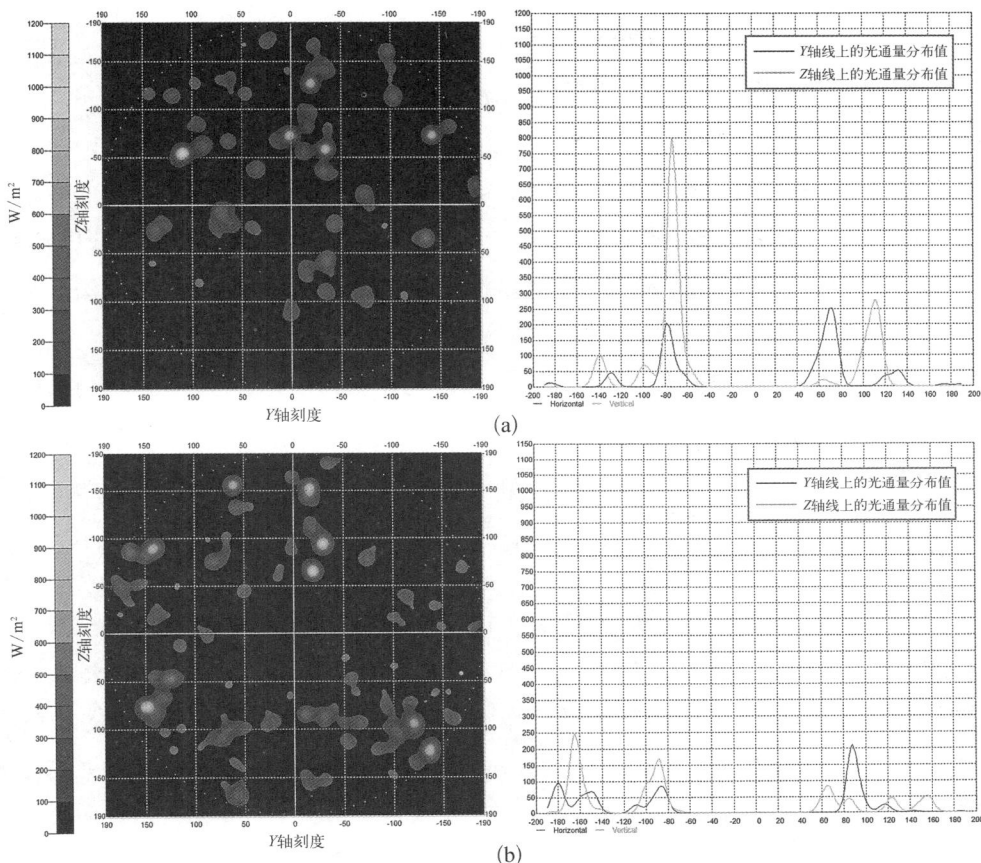

图 2 – 13　两个局部放电光源在探测面 6 上的光通量分布

（a）局部放电光源 A；（b）局部放电光源 B

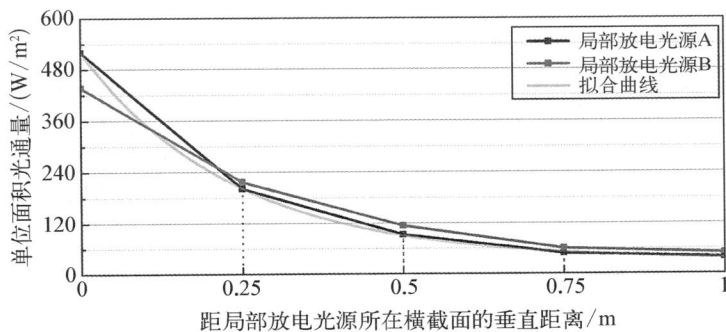

图 2 – 14　探测面上单位面积平均光通量随探测面距离的变化趋势

2.3 SiPM 微型多光谱传感阵列原理及设计

在对局部放电进行光信号检测之前,采集和分析局部放电的多光谱信号特征是开展进一步局部放电检测的前提。通过对局部放电多光谱特征的分析,能够设计并提出更加适用于局部放电光学检测波段的光学传感器和分析方法。本书提出采用基于 SiPM 微型传感阵列的局部放电多光谱信号采集方法。

SiPM 能够将弱光信号的感知、计时和量化降低到单光子级别,是检测局部放电的一种新型传感器。本节将对其传感原理和 SiPM 传感器性能参数及设计进行介绍。

2.3.1 SiPM 传感原理

与传统的光电倍增管(PMT)相比,SiPM 具有供电电压低、集成度高、抗强磁场环境影响的优势,能够较好地适应 GIS 局部放电检测的条件。SiPM 基于固态半导体技术发展而来,由紧密封装且工作在 Geriger 模式下的单光子雪崩二极管(single photon avalanche diode,SPAD)阵列组成[8],如图 2-15 所示。当光子被 SPAD 吸收后,硅基 p-n 结能够形成一个耗散区来生成电子-空穴对,然后通过在

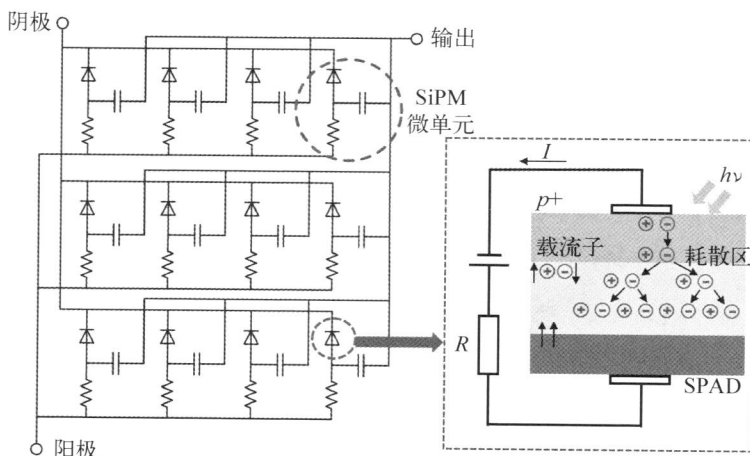

图 2-15 SiPM 简化电路结构(左)与 Geiger 雪崩模型(右)

注:I 为电流;$h\nu$ 为光辐射;R 为电阻;SPAD 为单光子雪崩二极管。

耗散区施加外部电场,电子和空穴能够在电场的作用下分别运动到阳极和阴极。当耗散区的电场达到一定水平时,电子会具有更多的动能来发生碰撞,并产生更多的电子-空穴对,从而在 SiPM 的感知区域形成可自我维持的雪崩电离。在 SiPM 探测的过程中,电子-空穴对通过在硅基中的电离放大为可宏观测量的电流,这称为 Geiger 放电过程。每个 SiPM 集成了足够密集的微单元,其中每个 SiPM 微单元包括一个电阻和一个电容结构,当一个 SiPM 微单元接收到光子辐射产生雪崩电流时,该电流会被电阻"淬灭",然后二极管进行充电,并准备接收后续的光子。SiPM 将所有微单元的输出进行积分,便得到光子通量的累计值,即采集到放电光信号的强度。

因为 SiPM 将光信号的接收、光电转换和模拟信号的输出都集成在一个模块当中,所以在采用 SiPM 进行光信号检测时,只需将输出信号传输到示波器等采集设备中即可完成信号的采集。不同的是,当采用 SiPM 阵列进行采集时,如果想得到每个 SiPM 单元采集到的光强,则需利用航空插头等多路传输设备将每个 SiPM 信号传输到多通道采集卡中进行采集,这也是本书后续进行局部放电多光谱分析的信号采集方式。

2.3.2　传感器参数及设计

对于气体中的局部放电光辐射来说,其光信号的状态较为随机、持续时间短,并且光波长的范围也不仅仅为单一的窄带光谱,因此要求检测设备具有快速采集、高转化效率和宽响应范围等相应的性能。

研究表明 SPAD 的典型响应时间最低能够达到皮秒级别,对于亚纳秒和微秒级的光学脉冲也同样适用,因此,SiPM 能够很好地契合气体局部放电光学信号的检测[9]。

SiPM 的一个重要性能参数为光子检测效率(photon detection efficiency, PDE),其含义为单个光子产生可检测电流或电荷脉冲的概率。在实验过程中,PDE 可以通过测量产生可探测电流脉冲的光子数与入射到 SiPM 表面上的光子总和的比值来进行计算。由此,PDE 可表示为

$$\mathrm{PDE} = \frac{Rhc}{\lambda Ge(1+P)} \times 100\% \qquad (2-11)$$

式中,R 为 SiPM 的响应率(A/W),其是波长的函数;h 为普朗克常数;c 为光速常数;λ 为入射到 SiPM 上的光波长;e 为基本元电荷($e=1.602\times10^{-19}$ C);P 为

后脉冲和串扰发生的概率；G 为 SiPM 的增益，即被探测到的光子与其产生的电荷量的比值，可以表示为

$$G = \frac{C(U_{bias} - U_{br})}{e} \qquad (2-12)$$

式中，C 为 SiPM 微单元的电容；U_{bias} 为施加在 SiPM 上的电压；U_{br} 为转变为 Geiger 模式的电压。U_{bias} 和 U_{br} 之间的差值称为 SiPM 的工作过电压。

此外，暗电流也是 SiPM 传感器的一个重要的性能参数，它与传感器的外部施加电压和温度等因素有关，是 SiPM 的主要噪声来源。本书选用的 SiPM 型号为 ON Semiconductor 公司生产的 ARRAYJ - 30035 - 16P - PCB，其 PDE 响应曲线如图 2 - 16 所示，相关性能参数如表 2 - 2 所示。图 2 - 17 所示为 SiPM 微型传感阵列的尺寸。

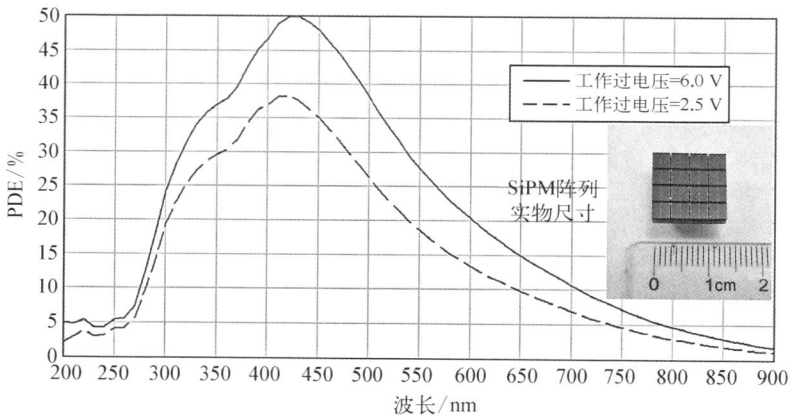

图 2 - 16　SiPM 实物模型和 PDE 响应曲线

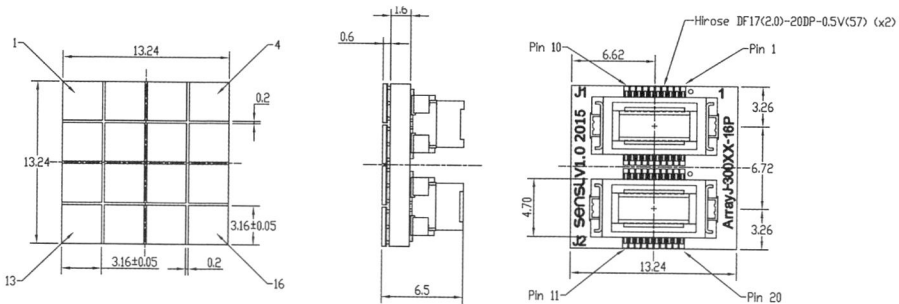

图 2 - 17　SiPM 微型传感阵列尺寸

除了上述有关的性能参数以外,SiPM 的结构参数对检测系统的研制也十分关键。本书所使用的 SiPM 阵列结构是由 16 个面积分别为 $(3.16 \times 3.16)\ mm^2$ 的 SiPM 单元组成,最大平均电流为 10 mA,额定工作环境温度为 $-40 \sim +85℃$,能够适应正常情况下局部放电的检测环境。经过实验室检测,该传感器能够达到 3 pC 左右的局部放电检测灵敏度。

表 2-2　SiPM 传感器的主要性能参数

参　　数	工作过电压	
	+2.5 V	+6 V
增益	2.9×10^6	6.3×10^6
暗电流(典型)/μA	0.23	1.9
暗电流(最大)/μA	0.31	3.00
输出信号上升时间/ps	90	110
微单元充电时间常数/ns	45	
电容(阳极输出)/pF	1 070	
串扰占比/%	8	25
后脉冲占比/%	0.75	5.0

SiPM 的 16 个检测通道是信号独立但时间同步的信号采集方式,根据上述的性能参数,我们设计了 SiPM 微型多光谱传感阵列,在 SiPM 传感阵列上安装了一个与 4×4 阵列相匹配的滤光片网格,如图 2-18 所示。在进行局部放电多光谱信号采集时,我们在滤光片网格上安装不同波段的滤光片来实现多个光谱波段的同步采集。

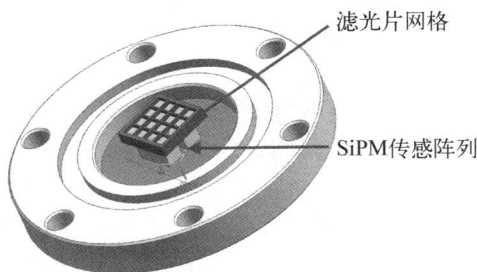

图 2-18　SiPM 微型多光谱传感阵列设计

2.4 基于荧光光纤的局部放电检测系统原理及设计

根据 SiPM 微型传感阵列采集到的多光谱特征，能够基本确定 SF_6 和 C_4F_7N/CO_2 混合气体中的局部放电光信号的波段范围，这为基于荧光光纤的局部放电检测奠定了波段基础。基于荧光光纤的局部放电光学检测方法是一种采集放电光辐射信号的检测方法，将荧光光纤直接作为传感器来感知局部放电光信号，具有绝缘性能强、抗电磁和振动干扰、布置灵活等优势，能较好地适应 GIS 局部放电的检测，是一种具有应用前景的局部放电检测方法。

2.4.1 荧光光纤传感原理

荧光光纤是一种特殊的光纤材料，其平均介电常数约为 3.36，平均介电强度为 25.3 kV/mm，它通过光纤纤芯中的荧光物质来吸收一定波长的光信号，光信号的射入使得荧光物质受激发产生荧光。当荧光物质被外部的入射光子激发后，荧光分子中的电子将会从基态跃迁至激发态。由于电子在激发态下是不稳定的，会再次跃迁至基态，并向外释放荧光。在这个过程中，荧光物质激发产生的荧光波长与入射光波长会有所不同，通常会偏移 100～200 nm，这个现象称为 Stokes 频移。

不同于传统的石英光纤，荧光光纤的纤芯中掺杂了荧光物质，其优势在于传感不受数值孔径的限制，荧光物质可以透过包层接收来自各个方向的入射光，如图 2-19 所示。相比之下，传统的石英光纤受到数值孔径的限制，只能探测到来自特定角度的入射光，如图 2-20 所示。而 GIS 局部放电会发生在传感器的各

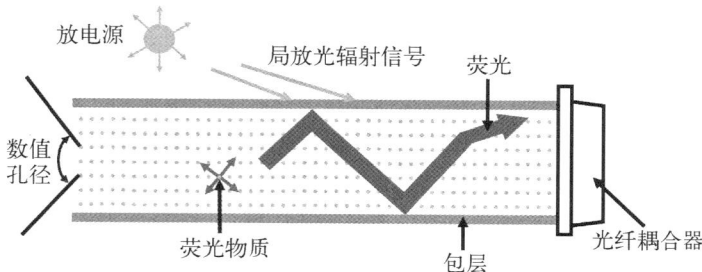

图 2-19 荧光光纤结构原理

个方向,如果采用石英光纤作为传感材料将使入射光总量减少且可检测范围受限。因此,本书选择采用荧光光纤作为局部放电光学检测的传感器,以更加适应GIS 中的局部放电检测场景。

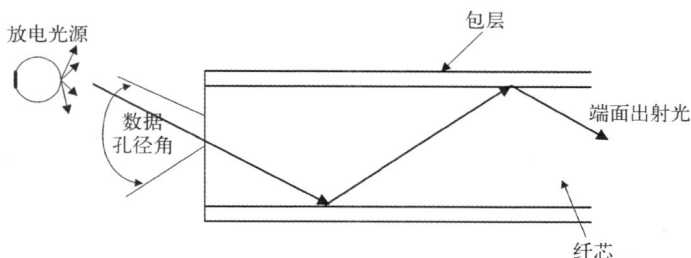

图 2‑20　石英光纤结构原理

当局部放电产生的光入射到荧光光纤上时,荧光物质激发产生的光辐射满足纤芯-包层界面的全反射条件,所有被激发的光将沿着荧光光纤轴向传播,具有很好的检测效率。在传输损耗方面,虽然传统石英光纤和荧光光纤长度的增加都会增加传输损耗,但是荧光光纤可在其自身的任何位置接收光信号,因此荧光光纤长度的增加就相当于增加了光信号的接收面积,同时也就增加了信号接收的强度,能够在一定程度上弥补传输带来的损耗,提高检测效率。

2.4.2　基于荧光光纤的检测系统组成

基于荧光光纤的局部放电光学检测系统主要由荧光光纤、光信号传输单元、光电转换单元和电信号采集单元 4 个部分组成。

1) 荧光光纤的选型

由本书获得的局部放电的多光谱特性以及目前 GIS 局部放电光学的相关研究可知,不同缺陷和阶段下的局部放电光谱都基本分布在 235~890 nm 的范围内,并且在 400 nm 和 500 nm 左右存在波峰[10]。考虑到荧光光纤存在 Stokes 频移现象,这就要求荧光光纤接收光信号的波长需要满足局部放电的辐射光波长,且荧光光纤激发出的荧光波长需要满足后端光电倍增管的响应范围。因此通过综合考虑,本书选择的荧光光纤的激发光谱范围为 300~500 nm,荧光光纤的发射光谱为 530~680 nm,能够满足 GIS 光学信号的检测要求。

2) 光信号传输单元

为了将荧光光纤感知到的局部放电光学信号传输到后端的光电转换设备中

进行处理,本书使用外包金属铠甲的塑料传输光纤进行传输,其能够很好地抵抗外界的电磁、振动和光照干扰,然后通过 SMA 和 FC 光纤耦合器将传输光纤的两端与荧光光纤和光电倍增管相连接。传输光纤的芯径为 1 mm,传输光谱范围为 190～1 100 nm。传输光纤的实物如图 2 - 21 所示。

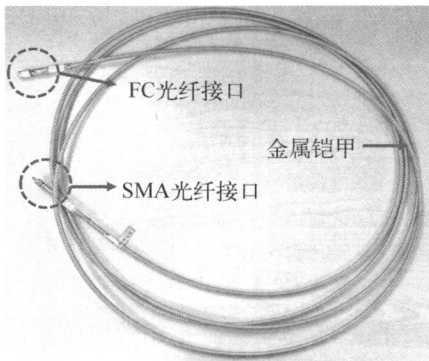

图 2 - 21　传输光纤实物

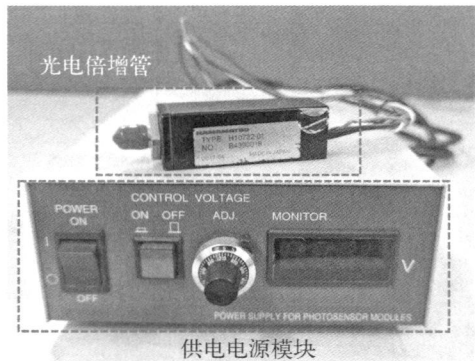

图 2 - 22　光电转换单元实物

3) 光电转换单元

光电转换单元的作用是将采集到的光学信号转换为电信号的装置,其主要由光电倍增管和供电电源模块组成,如图 2 - 22 所示。传输光纤的光信号经过光电转换单元进行放大,然后传输至后端的采集仪器进行分析处理。因为光电倍增管作为后端的采集设备,其供电模块远离实际 GIS 腔体,而不是直接作为安装在设备前端的感知设备,所以能够简化安装实验流程,提高检测的安全性。

本书选择的光电倍增管型号为 HAMAMATSU H10722 - 01,其具体参数如表 2 - 3 所示。电源供电模块为 C10709,输出电压为 ±5 V,输出电流为 2～0.2 A,对光电倍增管的建议可调电压范围为 +0.25～+1.8 V。

表 2 - 3　光电倍增管主要参数

参　　　数	数　　　值
光谱响应范围/nm	230～870
输入电压/V	±4.5～±5.5

参　　数	数　　值
感光直径/mm	8
峰值灵敏度波长/nm	400
频率波段	DC～20 kHz
光灵敏度（阴极）/(μA/lm)	最小：100
	典型：200
辐射灵敏度（阴极）/(mA/W)	77
光灵敏度（阳极）/(V/lm)	最小：1×10^8
	典型：4×10^8
辐射灵敏度（阳极）/(V/nW)	150
电流电压转换系数/(V/μA)	1

4）电信号采集单元

本书通过耦合电阻为 50 Ω 的同轴电缆将光电转换单元的电信号传输到示波器（LeCroy - HDO6000A）中，并将示波器作为整个检测系统的终端信号采集单元，然后对采集到的局部放电信号进行记录，为后期的数据分析和处理提供数据支撑。

通过上述的 4 个主要部分的组合配置，能够实现基于荧光光纤的局部放电光学检测方案。经过实验室测试，该光学检测方法能够检测到 3 pC 左右的局部放电量。该方法在基本满足目前局放检测灵敏度的前提下，具有很强的抗电磁和抗振动干扰的能力，本书将基于该荧光光纤系统对 GIS 局部放电进行检测、定位和模式识别。

PRPD 模式是一种基于局部放电相位分辨模式的分析方法，也是目前局部放电领域应用最为普遍的一种信号处理方式。当使用 PRPD 模式分析局部放电信号时，局部放电脉冲以 50 Hz 正弦电压的相位分布进行记录，即放电分布在 0°～360°的相位区间内。在统计的过程中，记录局部放电的次数 n 和放电量 q

随着相位的变化,从而构成 φ-q-n 三维 PRPD 图谱,其每个数据点的含义为某一相位下的该局部放电脉冲的数量为 n。PRPD 图谱中蕴含丰富的局部放电信息,有些特征信息是显而易见的,而有些信息需要通过一定的特征提取算法来获得。图 2-23 为通过荧光光纤采集到的不同类型的局部放电 PRPD 图谱,通过对 PRPD 图谱中的特征进行分析和识别能够发现不同的局部放电缺陷会产生不同的 PRPD 图谱,这为局部放电缺陷类型的识别提供了数据基础。

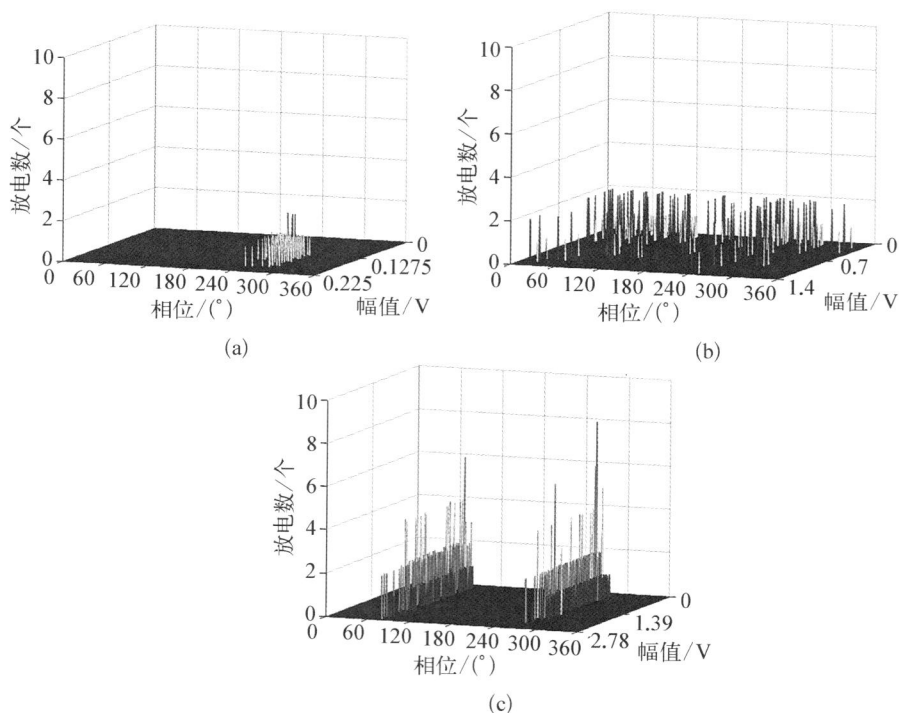

图 2-23 不同局部放电缺陷的 PRPD 图谱

(a)尖端缺陷;(b)微粒缺陷;(c)悬浮缺陷

2.5 不同局部放电光信号采集方法的对比分析

本书得到了基于 SiPM 多光谱信号采集方法和基于荧光光纤的局部放电光学检测方法。虽然这两种方法都能够采集局部放电光学信号,但是其应用方式和检测目的各不相同,现将这两种方法的主要特点进行对比,具体说明如下。

1) 基于 SiPM 的多光谱信号采集方法

由于 SiPM 体积小、集成度高,我们能够通过阵列的组合同步使用多个 SiPM 单元对局部放电的光学信号进行采集。SiPM 阵列感知的是局部放电的原始光学信号,因此我们将 SiPM 阵列与不同的滤光片结合,就能仅运用一个小型阵列实现局部放电的多光谱检测,无须光谱仪和光电倍增管的复杂光路和安装结构,能够更加高效地对不同缺陷下的局部放电多光谱特征开展研究。

2) 基于荧光光纤的局部放电检测方法

相比于 SiPM 传感器,荧光光纤无法同时采集多个波段的局部放电光学信号,但是其布置更加灵活,且传感器前端无须外部电源供电,具有较好的安全性,能够更加密集地布置于 GIS 中,有利于对 GIS 局部放电进行多角度立体感知,更加适合现场的局部放电故障检测,且具有局部放电故障定位和识别的能力。

由于上述两种光信号采集方法各具特点,为了充分利用每种方法的优势,本书将针对不同的研究目的和应用场景采用更加适合的局部放电光信号采集方法。

本章主要研究了 GIS 局部放电光学信号的产生原理及采集方法,主要内容和结论如下。

(1) 研究了 GIS 典型缺陷局部放电的产生过程,以及影响光辐射强度外界因素,探究了局部放电光谱的产生原理以及不同气体对光谱的影响方式,并以 SF_6 和 C_4F_7N/CO_2 为例,分析了不同气体在局部放电过程中的分解过程,为光学局部放电检测提供理论基础。

(2) 建立了典型 GIS 腔体的光学仿真模型,仿真得到了局部放电光信号在 GIS 腔体内的辐射与传播特性,为未来 GIS 局部放电光学传感器的设计、安装提供参考依据。

(3) 详细介绍了基于 SiPM 微型传感阵列的局部放电多光谱信号采集方法,说明了 SiPM 是由工作在 Geriger 模式下的单光子雪崩二极管阵列组成的,分析了其具体传感原理以及相应的性能结构参数,利用其传感单元可以同步检测的优势,提出了一种新型多光谱信号采集方法,适合于对局部放电的多光谱特征信息进行分析研究,并为荧光光纤的检测提供光谱特征支撑。

(4) 分别从传感原理、相关性能参数和检测系统构成等方面对基于荧光光纤的局部放电光学检测方法进行了详细的介绍。分析得到荧光光纤具有无源传感、布置灵活、抗电磁和声振干扰等优势,适合对现场设备进行局部放电的故障检测,为接下来局部放电的定位和模式识别奠定技术基础。

参考文献

[1] 国际电工委员会.高电压试验技术——局部放电测量:IEC 60270:2000 [S].北京:中国标准出版社,2000.

[2] Asano K,Yatsuzuka K,Higashiyama Y. The motion of charged metal particles within parallel and tilted electrodes[J]. Journal of Electrostatics,1993,30:65 - 74.

[3] Morcos M M,Anis H,Srivastava K D. Metallic particle movement,corona and breakdown in compressed gas insulated transmission line systems[C]//Proceedings of the Conference Record of the IEEE Industry Applications Society Annual Meeting,1989,2:2220 - 2232.

[4] Ren M,Wang S,Zhou J,et al. Multispectral detection of partial discharge in SF_6 gas with silicon photomultiplier-based sensor array[J]. Sensors and Actuators A Physical,2018,283:113 - 122.

[5] 王子颉,徐安恬,赵龙健,等.不同缺陷局部放电光学信号传播特性的仿真研究[J].照明工程学报,2019,30(2):24 - 29.

[6] 吴诗优,郑书生,钟爱旭.GIS 内光信号传播及传感器布局方式研究[J].高电压技术,2022,48(1):337 - 347.

[7] 姚维佳,钱勇,臧奕茗,等.不同结构及规格参数对 GIL 局放光学信号传播特性的影响研究[J].高压电器,2021,57(6):32 - 40.

[8] Gallina G,Retiere F,Giampa P,et al. Characterization of SiPM avalanche triggering probabilities[J]. IEEE Transactions on Electron Devices,2019,66(10):4228 - 4234.

[9] 任明,李信哲,王思云,等.基于雪崩面阵的气体绝缘放电光脉冲检测技术及传感性能研究[J].电网技术,2021,45(9):3627 - 3636.

[10] 任明.SF_6 气体中绝缘缺陷的冲击电压局部放电特性及其影响因素[D].西安:西安交通大学,2017.

第3章

GIS 局部放电的多光谱特性研究

　　针对 GIS 局部放电的多光谱特性,目前主要的研究方法是通过光栅光谱仪和光电倍增管等相关设备完成,但是其存在成本高、安装和检测流程烦琐等问题。并且,光栅光谱仪检测系统需要匹配复杂的检测光路,无法对微粒放电等非固定放电光源和有遮挡的光源进行有效检测;而光电倍增管检测的多光谱分辨率太低,其包含的多光谱特征单一,很难对不同缺陷和气体的多光谱特征进行分析,这些因素都在一定程度上制约了 GIS 局部放电的多光谱信号的采集和特征分析。因此,本章采用基于 SiPM 微型传感阵列的局部放电多光谱信号采集方法,其传感单元具有高集成度、结构精简和可变分辨率等优势,对非固定和有遮挡的缺陷放电具有较好的检测能力,实现了 GIS 中 4 种典型缺陷的多光谱特征检测和聚类分析。此外,由于 C_4F_7N/CO_2 混合气体是一种极具 SF_6 替代气体潜力的环保型绝缘气体,本章将 C_4F_7N/CO_2 混合气体和 SF_6 作为气体介质用于局部放电多光谱的研究。根据对局部放电多光谱信号的采集和分析,为之后的局部放电光学检测提供了光谱波段的理论参考。

3.1　基于 SiPM 微型传感阵列的多光谱采集模块

　　SiPM 是一种基于多像素光子计数器的新型光电探测器,由工作在 Geiger 模式下的雪崩二极管阵列集成,具有高增益、高灵敏度、低偏置电压、抗强磁场干扰和高集成度等优点,非常适合对高压下的局部放电光学信号进行检测[1]。在 SiPM 的动态光谱响应范围内,SiPM 的输出电流与雪崩微粒子的数量成正比,具体原理已经在第 2 章中进行了详细介绍。本书使用的 SiPM 传感器为 ARRAYJ‐30035‐16P‐PCB,其结构和光谱响应范围如图 2‐16 所示。

基于 4×4 的 SiPM 微型传感阵列,我们设计了一个可安装于 SiPM 阵列上的 4×4 方形网格,网格的四周有卡扣将其固定于阵列之上,该网格将 SiPM 的每个传感单元进行了独立划分,能够精确覆盖 SiPM 微型阵列的表面。以每个小网格单元为安装对象,我们制作了尺寸为 2.7 mm×2.7 mm×1 mm 的滤光片 (light filter,LF),能够没有缝隙地嵌入小网格单元中,其中每个滤光片所对应的滤光波段不同。基于此,我们利用网格中不同滤光波段的滤光片对局部放电光信号进行滤波,实现局部放电的多光谱特性检测。为了更加便捷、高效地在 GIS 中进行局部放电的多光谱检测,我们根据实验罐体的尺寸设计了即插即用式的采集电路,通过航空插头实现对 SiPM 微型阵列输出信号的采集和传输,其多光谱检测模块如图 3‐1 所示。

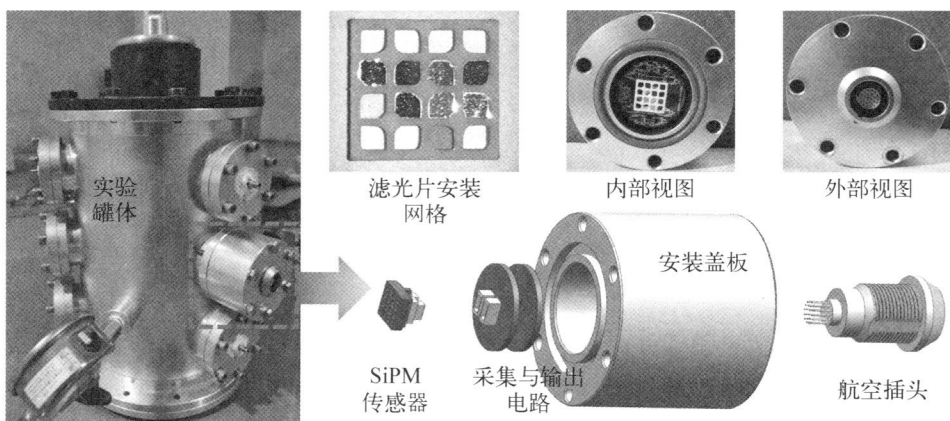

图 3‐1　SiPM 微型传感阵列多光谱检测模块

考虑到 SF_6 和 C_4F_7N/CO_2 放电光谱的主要分布范围,以及 SiPM 传感器的主要光谱响应范围,本书选取滤光片网格中的 7 个网格单元作为多光谱感知单元,其中 6 个网格单元安装了波段范围基本相互独立的滤光片(1 个网格单元为全波段透过,其余单元可作为扩展单元和备用单元),如表 3‐1 所示。因为定制波段范围的滤光片比现有规格的滤光片价格昂贵许多,所以我们在基本保证 SiPM 传感器响应范围的情况下选取了现有规格的滤光片。另外,如果滤光片波段数过少则会导致多光谱分辨率过低,使特征不足;而如果波段数过多则会导致多光谱分辨率过高,使特征之间的差异不明显,且会出现特征冗余。因此,综合上述考虑,我们选择了 6 个多光谱波段进行实验。其中,扩展单元可以根据需求实现可变分辨率的多光谱检测,提高了感知模块的灵活性;备用单元则可以在某一 SiPM 感知单元故障时换用其他单元,而不至于更换整个 SiPM 微阵列,提高了多光谱感知模块的可靠性。虽然 SiPM 的响应曲线对不同波段的响应程度是不同的,但是在同一种检测条件下,不同波段之间的归一化值是具有固定比例的,能够反映不同情况下局部放电的多光谱特性,因此我们将该归一化多光谱特征作为本章的研究对象。

表 3-1　滤光片主要波段的透射参数

滤光片编号	透过波长的透射率	主要截止波长的透射率
LF1	>90%(630~1 100 nm)	<1%(350~585 nm)
LF2	>85%(582~593 nm)	<1%(350~555 nm);<1%(615~960 nm)
LF3	>83%(510~545 nm)	<1%(350~485 nm);<1%(570~1 100 nm)
LF4	>90%(260~380 nm)	<1%(425~470 nm)
LF5	>90%(460~500 nm)	<1%(350~440 nm);<1%(505~750 nm)
LF6	>85%(400~445 nm)	<1%(470~740 nm)
LF0	全透	

3.2　SiPM 感知单元检测一致性的光学仿真验证

虽然 SiPM 微型传感阵列的尺寸小,但是 16 个 SiPM 感知单元之间仍然存在一定的位置偏差,这可能会使辐射到不同 SiPM 感知单元的光强出现差异,从而导致不同滤光片的初始入射光强不同,进而影响整体多光谱检测的准确性。此外,由于 GIS 放电缺陷经常存在一定的遮挡,并且放电光源的位置可能位于传感器的各个方位,位置并不固定,这就使局部放电的光源并不是正对 SiPM 微型传感阵列直射。为了验证 SiPM 微型阵列中各感知单元对非直射光源的检测一致性,保证不同 SiPM 感知单元之间的位置差异不会给放电的多光谱检测引入误差影响,本节应用 Tracepro 光学仿真软件对 SiPM 微型阵列上的光信号的接收均匀度进行了仿真验证,探究了不同 SiPM 感知单元之间接收到的光信号强度差异。

3.2.1　有遮挡的局部放电光学仿真模型

为了仿真验证局部放电在有遮挡情况下 16 个 SiPM 感知单元的检测一致性,本书利用 Tracepro 软件搭建了与实验罐体尺寸完全相同的光学仿真模型。实验罐体的高度为 310 mm,内半径为 90 mm,以针板放电为例,针尖距离板10 mm。仿真模型的建立是为了验证光源辐射的信号能否均匀地辐射到不同的 SiPM 感知单元上,因此该仿真模型可以忽略局部放电光信号波长的影响和气体介质对光的吸收作用。仿真模拟局部放电光源辐射的总光线数为 5×10^6 条,总光辐射通量为 1 000 W,该设置保证局部放电的仿真光信号能够到达仿真模型中的所有位置。其中,局部放电光源设置为球面点光源,光源的仿真过程采用双向反射分布函数(bidirectional reflection distribution function,BRDF)作为光信号传播的漫反射模型[2],如图 3-2 所示。将仿真模型中罐体的内壁材质设置为抛光氧化的中等光滑铝,与实际实验罐体基本相似,该材料的吸收系数为 0.3,反射系数为 0.2,漫反射系数为 0.5。

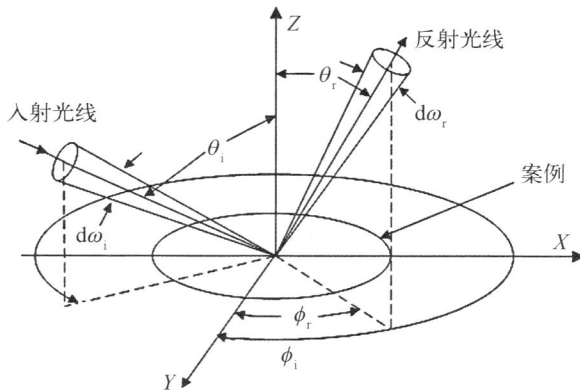

图 3-2　局部放电仿真光信号的 BRDF 漫反射模型

注:ω_i、θ_i 和 ϕ_i 分别代表入射光的立体角、仰角和方位角;ω_r、θ_r 和 ϕ_r 分别代表反射光的立体角、仰角和方位角。

通过仿真模型可以明显地发现当局部放电光源不受遮挡物干扰且正对 SiPM 阵列直射时,各 SiPM 感知单元上接收的光辐射分布是均匀的。而本书考虑在局部放电光源与 SiPM 微型传感阵列之间添加遮挡物,在距离光源 16 mm 处垂直放置一个与罐体材质完全相同的方板(尺寸为 30 mm×30 mm× 2 mm),以此来模拟实际的遮挡干扰(见图 3-3)。

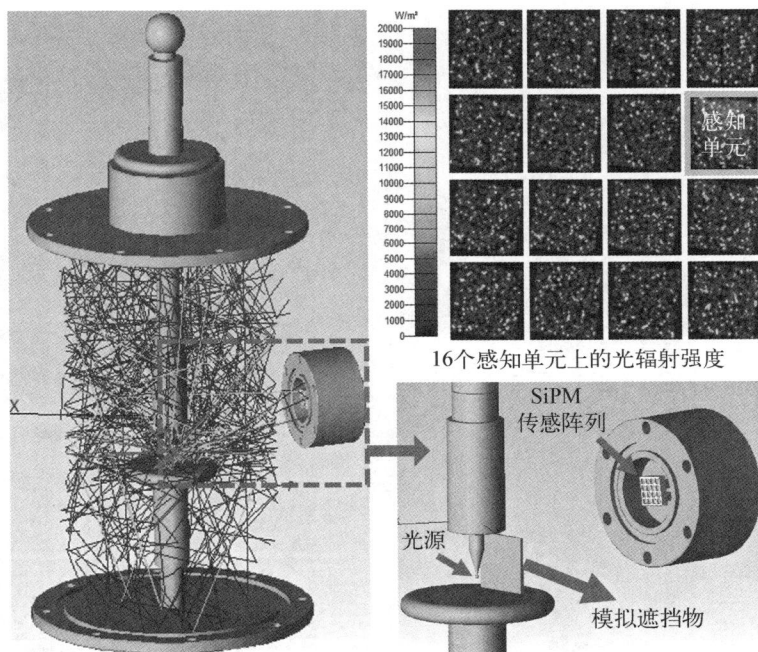

图 3-3　有遮挡情况下多光谱检测仿真模型和 SiPM 传感阵列的光辐射强度分布

图 3-3 所示的模型中的线条为光源的光线追迹,可以看到局部放电光源辐射出的光信号能够在罐体内来回反射传播,最后从各个不同的角度到达 SiPM 传感阵列。通过对比 16 个 SiPM 感知单元的光辐射强度分布,能够看出每个 SiPM 感知单元上所采集到的光强大致分布均匀,可以初步判断在放电光源有遮挡的情况下,SiPM 传感阵列的采集基本不受影响。

3.2.2　不同位置的局部放电光学仿真模型

为了验证 SiPM 传感阵列对不同方位放电光源的采集效果,说明各感知单元采集到原始光强不会受放电光源位置的影响,本书在仿真模型中改变光源与传感器之间的相对位置,探究各 SiPM 感知单元上的光辐照度差异。

在该仿真模型中,仿真罐体的高度被扩展至 630 mm,在较长的仿真罐体中设置两个相同的局部放电光源和两个相同的 SiPM 传感阵列,如图 3-4 所示。基于图 3-4 中所示的模型,本书进行了两种不同情况的仿真,情况如下。

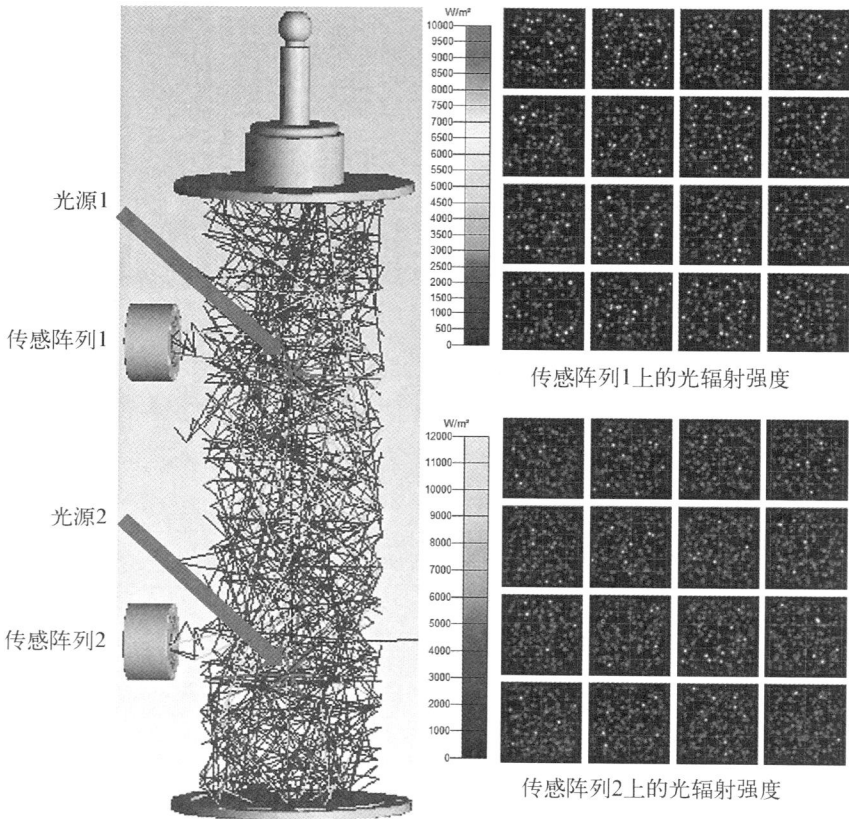

图 3-4 光源处于不同方位时多光谱检测仿真模型和 SiPM 传感阵列的光辐射强度分布

情况 1:传感阵列 1-光源 2 搭配。

在该种情况下,传感阵列 1 为光信号的接收对象,光源 2 为局部放电光源产生光辐射,光源 1 关闭、不产生光辐射。传感阵列 1 与光源 2 之间的垂直距离为 360 mm。

情况 2：传感阵列 2-光源 1 搭配。

在该种情况下，传感阵列 2 为光信号的接收对象，光源 1 为局部放电光源产生光辐射，光源 2 关闭、不产生光辐射。传感阵列 1 与光源 2 之间的垂直距离为 305 mm。

分别对以上两种情况进行仿真，图 3-4 所示为得到了两个传感阵列上的光辐射强度分布，同样也能发现光源位置的改变对各感知单元上的光辐射强度基本上没有影响。

3.2.3　检测一致性的仿真结果分析

由感知单元上的光辐射分布可知，在有遮挡的情况下和改变放电光源与传感阵列之间相对位置的情况下各感知单元之间所接收到的光强基本相同。为了更准确地验证和描述 16 个感知单元在不同情况下的光辐射分布，本书提出了平均光辐射差异比的概念。平均光辐射差异比表示每个感知单元接收到的光辐射偏离 16 个感知单元的接收光辐射平均比例，可以表示如下：

$$平均光辐射差异比 = \frac{\sum_{i=1}^{16} R_i - R_{ave}}{16 \times R_{ave}} \tag{3-1}$$

式中，R_i 为第 i 个感知单元接收到的光辐射占比；R_{ave} 为 16 个感知单元接收到的光辐射强度占比的平均值。平均光辐射差异比越小，SiPM 传感阵列中不同位置的感知单元接收到的光辐射强度差异越小，代表各感知单元之间的检测一致性越高，说明不同感知单元位置的不同对多光谱检测的影响越小。

根据上述分析，表 3-2 所示为不同仿真条件下的平均光辐射差异比，可以看出在 4 种情况下的平均光辐射差异比都小于 1%，说明 SiPM 传感阵列上的感知单元虽然位置不完全相同。但是在局部放电检测过程中可能遇到的几种典型情况下，各感知单元所接收到的光辐射强度差异很小，对本书所述的多光谱检测的影响基本上可以忽略，从而证明该方法能够有效采集局部放电的多光谱信号。该现象可以解释为由于 SiPM 传感阵列与设备相比尺寸太小，而局部放电的光信号经过各种折反射之后在一个相对微小的区域内光强差异不大，从而使 SiPM 微型传感阵列能够发挥多个感知单元同步采集的优势，实现局部放电光谱信号的高效、精简采集。

表 3-2　不同仿真条件下的平均光辐射差异比

仿真条件	无任何干扰	遮挡干扰	传感阵列 1-光源 2	传感阵列 2-光源 1
平均光辐射差异比	0.60%	0.34%	0.53%	0.57%

3.3　基于 SiPM 微型传感阵列的局部放电多光谱信号采集实验

基于上述的仿真验证结果,可以确定 SiPM 传感阵列对局部放电多光谱检测的可行性,因此本节基于 SiPM 传感阵列搭建了包含 4 种典型缺陷的局部放电多光谱检测实验平台,并分别研究了 SF_6 气体和 C_4F_7N/CO_2 混合气体的多光谱特征。

3.3.1　实验平台搭建

本书以 3.1 节中的多光谱检测模块为基础,搭建了气体绝缘设备局部放电多光谱检测实验平台,如图 3-5 所示。该实验平台的高压电源为无电晕交流高压源,氧化铝制的实验罐体不透光且气密性良好,数字局部放电检测仪为 Haffley DDX 9121b,多通道数据采集仪为 HIOKI-MR60000。C_4F_7N/CO_2 混合气体通过动态配气仪(GC400-2)进行配比。SiPM 传感器工作在 2.5 V 的偏置电压下。

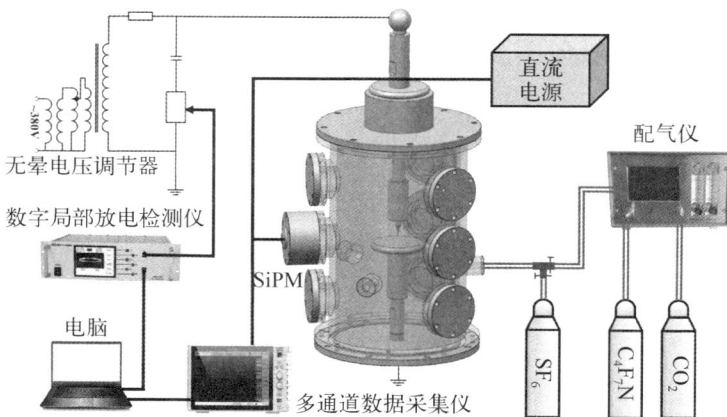

图 3-5　基于 SiPM 传感阵列的局部放电多光谱检测实验平台

气体绝缘设备的安装、生产和老化等可能会在设备内部产生局部放电缺陷，因此本书制作了 GIS 中较为典型的 4 种绝缘缺陷，将每个缺陷分别放入罐体中产生局部放电，缺陷分别为尖端缺陷、悬浮缺陷、微粒缺陷和沿面缺陷，如图 3-6所示。尖端缺陷的电极间距为 10 mm，悬浮缺陷的电极间距为 2 mm，微粒缺陷的电极间距为 7 mm。在正式实验前，通过调整缺陷的结构和尺寸确保能够产生稳定的局部放电。

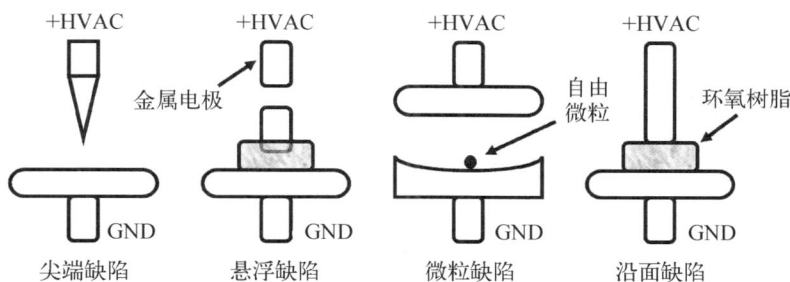

图 3-6　典型局部放电缺陷

3.3.2　实验流程

本书在进行实验时主要包括 3 个方面，分别为气体配制与充气、电压施加和数据采集，下面将逐一介绍。

1）气体配制与充气

本书采用动态配气仪配制 C_4F_7N/CO_2 混合气体，纯净的 SF_6 气体采用直充式充气。针对 C_4F_7N/CO_2 混合气体的配比问题，目前国内外公认的 C_4F_7N 占比为 $4\%\sim10\%$[3]，但还未有一个统一的标准。考虑到气体的实际应用环境和实验的合理性，本书选择的 C_4F_7N/CO_2 混合气体配比分别为 $4\%/96\%$、$6\%/94\%$、$8\%/92\%$、$10\%/90\%$、$12\%/88\%$。每种气体的充气气压均为 0.2 MPa，该气压值的选择是基于实验设备的安全和实际应用考虑的。虽然气体压力会影响局部放电光信号的传播，但是本书针对的是不同多光谱特征之间的相对值，而不是放电光谱的绝对强度，从而可以忽略气体压力对本书检测方法的影响。因此，本书在罐体可以承受的气压范围内采用 0.2 MPa 的气压。

在实验过程中，为了保证气体的纯度，每次换气前都对罐体进行抽真空处理，然后使用配气仪充入不同类型的气体。总体上，本书在 6 种不同的绝缘气体

57

环境下测试了 4 种典型缺陷,共计 24 种局部放电实验条件。其中,针对 C_4F_7N/CO_2 混合气体的配气系统实验管路原理如图 3-7 所示,实物如图 3-8 所示。配气系统中阀 A 是采样袋进气阀,阀 B 是采样袋出气阀,采样袋起到配气缓冲作用,阀 C 是 GIS 实验罐体通气阀。配气过程的具体操作流程如下。

(1)样气清洗管路:此时阀 A 打开、阀 B 关闭,打开配气仪开始配气,稍微清洗几分钟后停止配气,关闭阀 A。

(2)采样袋抽真空:此时阀 A 关闭、阀 B 打开、阀 1 打开、阀 2 关闭、阀 3 打开,打开增压泵,采样袋中无气体后关闭增压泵,再关闭阀 B、关闭阀 1。

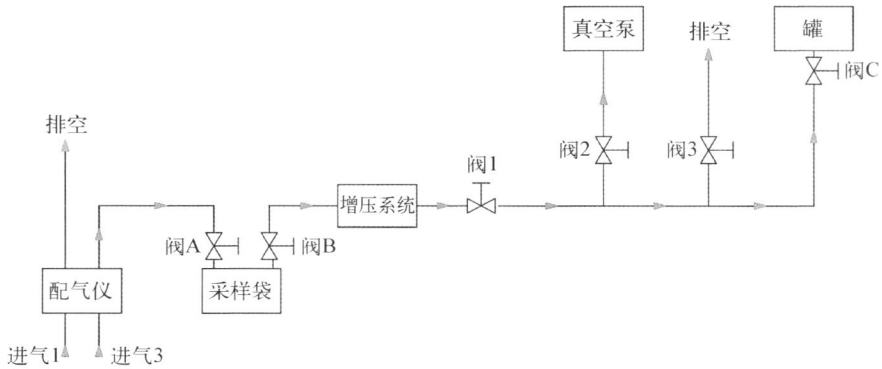

图 3-7 配气系统实验管路原理

图 3-8 配气系统实验管路实物

（3）罐体抽真空：此时阀 1 关闭、阀 2 打开、阀 3 关闭、阀 C 打开，打开真空泵，抽气到目标真空度后（观察真空表）关闭阀 2，再关闭真空泵。

（4）开始配气：此时阀 A 打开、阀 B 关闭，打开配气仪开始配气，等待采样袋中有足够的样气后停止配气，关闭阀 A。

（5）开始增压：此时阀 A 关闭、阀 B 打开、阀 1 打开、阀 2 关闭、阀 3 关闭、阀 C 打开，在增压系统上设置目标压力，达到目标压力后增压泵自动停止工作，关闭所有阀门，将 GIS 实验罐体从配气系统中移出并进行实验。

2）电压施加

针对每种实验条件，施加电压的幅值都为 1.1 倍的局部放电起始电压。因为不同的缺陷、不同的气体浓度都具有不同的局部放电起始电压，为了提高实验的合理性，本书以每种实验条件下的局部放电起始电压为基准度量，从而使每种放电条件相对于自身都处于相同的电压等级。然而，当电压正好为起始放电电压时，放电可能不稳定；当电压过分高于起始放电电压时，放电很可能导致击穿。因此，在保证缺陷不击穿且稳定放电的情况下，本书选择 1.1 倍的起始放电电压作为施加电压。

3）数据采集

本书采用多通道数据采集仪对 SiPM 传感阵列的多通道输出信号进行同步采集，总共读取 7 个通道的数据，针对每种实验条件下每个通道同步累计采集 1 000 ms。

以上为基于 SiPM 微型传感阵列的局部放电多光谱检测实验的主要流程，在此基础上，将对采集的数据进行处理和分析。

3.3.3　实验脉冲重复率

基于上述实验平台和流程，在进行局部放电多光谱特征分析之前，要先对实验采集到的局部放电光学脉冲信号进行统计分析，即统计局部放电光学信号的脉冲重复率。

本书提出的基于 SiPM 微型传感阵列的局部放电多光谱检测技术是直接采集时域光强信号，无须进行其他转换可直接统计一定时间内的光学脉冲的数量，即脉冲重复率。因此，本书分别统计了 4 种典型缺陷在不同气体环境下的局部放电光学脉冲重复率，如表 3-3 所示。

表 3-3　4 种缺陷在不同气体中的局部放电光学脉冲重复率　　单位：个/ms

气体类型	C4						SF₆
	4％C4	6％C4	8％C4	10％C4	12％C4	平均值	
尖端缺陷	0.944	1.359	2.292	1.540	1.353	1.498	4.453
悬浮缺陷	0.121	0.106	0.100	0.099	0.095	0.104	0.116
自由微粒缺陷	0.045	0.045	0.053	0.056	0.064	0.053	0.112
沿面缺陷	0.108	0.164	0.172	0.099	0.068	0.122	0.082

注：表中 C4 表示 C_4F_7N/CO_2 混合气体，配比指的是 C_4F_7N 所占的比例。

由表 3-3 可以看出，对于同一种缺陷，不同配比的 C_4F_7N/CO_2 混合气体中脉冲重复率之间的差别小于与 SF_6 气体中脉冲重复率的差别，基本在一定的范围内波动。C_4F_7N/CO_2 混合气体中尖端缺陷、悬浮缺陷和自由微粒缺陷的平均脉冲重复率要低于 SF_6 气体中相应缺陷的脉冲重复率，只有沿面缺陷在 C_4F_7N/CO_2 混合气体中的平均脉冲重复率高于 SF_6 气体中的脉冲重复率。

对于不同缺陷之间的脉冲重复率而言，C_4F_7N/CO_2 混合气体和 SF_6 气体中尖端放电的脉冲重复率都明显高于相同气体环境下的其余 3 种缺陷的脉冲重复率，数值上几乎高出 10 倍，存在较大的数量级差异。虽然每种缺陷的局部放电起始电压不同，但是通过实验发现，本书中的实验电压是在相同倍数的起始放电电压下进行的，说明不同缺陷在相对电场强度相同的情况下，尖端缺陷的光学脉冲重复率明显偏大。

3.4　局部放电多光谱关联特征分析

在不同的气体环境中局部放电的放电分子不同，而且不同的气体分子的放电过程会产生不同的局部放电光谱分布，但气体分子由放电所引起的分解和复合过程存在关联反应，并且气体分子的电子分解过程也存在相互影响。因此，为了探究在不同气体环境下，局部放电多光谱特征之间的关联关系，本书基于上述实验平台所采集到的实验数据，对 6 种气体环境（SF_6、4％/96％ C_4F_7N/CO_2、

6%/94% C_4F_7N/CO_2、8%/92% C_4F_7N/CO_2、10%/90% C_4F_7N/CO_2、12%/88% C_4F_7N/CO_2)下的多光谱特征关联关系进行了分析。

在统计局部放电多光谱特征时,由于局部放电的强度是随时波动的,局部放电的光信号强度也是随机波动的。如果直接将 SiPM 的多光谱检测值作为多光谱特征分析,这将很难体现多光谱特征之间的固有联系。因此,本书将局部放电多光谱信号中每个波段的信号强度占总光信号强度的比例定义为局部放电的多光谱关联特征,根据 SiPM 传感阵列中的检测波段划分,本书共定义了 6 个多光谱关联特征,分别表示为 SB1、SB2、SB3、SB4、SB5 和 SB6,在计算中将某一波段下的所有缺陷的局部放电脉冲的多光谱关联特征值取平均值,作为该实验条件下的多光谱关联特征。

为了探究不同气体环境下各多光谱关联特征之间的关系,本书引入 Kendall 关联系数 τ 来定量描述。假设(x_1, y_1), $\cdots$, (x_n, y_n)是联合随机变量 X 和 Y 的数据集合,则 Kendall 关联系数 τ 计算如下:

$$\tau = \frac{2}{n(n-1)} \sum_{i<j} \text{sgn}(x_i - x_j)\text{sgn}(y_i - y_j) \tag{3-2}$$

Kendall 关联系数的数值范围是$(-1, 1)$,当 Kendall 关联系数为 0 时,代表此时 X 和 Y 之间没有联系,变量之间不存在相互影响,是相互独立的两个变量;当 Kendall 关联系数区间为$(0,1)$时,X 和 Y 之间呈正相关关系;当 Kendall 关联系数区间为$(-1, 0)$时,X 和 Y 之间呈负相关关系。Kendall 关联系数的绝对值越大,两个变量之间的关系越密切,相互之间呈强相互关联。针对局部放电的多光谱关联特征,计算两个多光谱关联特征之间的组合称为关联特征对,Kendall 关联系数代表每个关联特征对之间的关联关系。

基于上述数据基础和参量定义,本书对 6 种气体环境下的局部放电多光谱关联特征进行了分析,如图 3-9 所示。总体上,不同气体中各多光谱关联特征之间的相关性趋势大致相同,但存在部分多光谱特征对之间的关系受气体环境变化的影响较大,从而随着气体环境的变化,多光谱特征对中两个特征的相关性也发生了一定的变化。当多光谱特征对的 Kendall 关联系数绝对值较大时,说明该多光谱特征对之间的光谱关联性较强,可能存在光子分解过程中的产物重叠或者跃迁能级相近的情况;而当多光谱特征对的 Kendall 关联系数绝对值较小时，说明该多光谱特征对之间的光谱关联性较弱，可能是光信号的产生过程较为独立，没有受气体分子分解过程的影响。

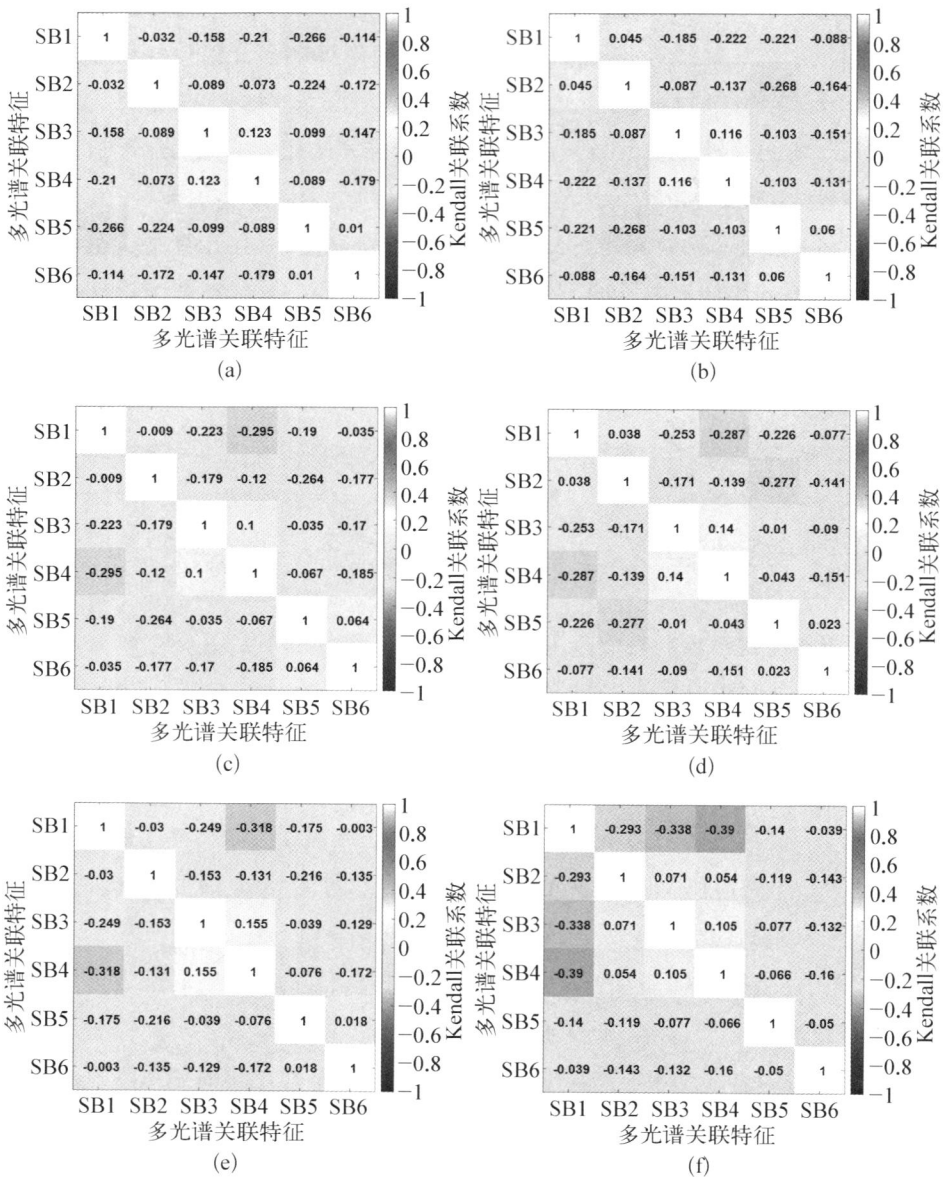

图 3-9 不同气体中局部放电多光谱关联特征的 Kendall 关联系数矩阵

（a）$4\%/96\%$ C_4F_7N/CO_2；（b）$6\%/94\%$ C_4F_7N/CO_2；（c）$8\%/92\%$ C_4F_7N/CO_2；（d）$10\%/90\%$ C_4F_7N/CO_2；（e）$12\%/88\%$ C_4F_7N/CO_2；（f）SF_6

在 C_4F_7N/CO_2 混合气体环境中,SB1/SB3、SB1/SB4、SB1/SB5 和 SB2/SB5 多光谱特征对之间存在较强的负相关性,其中负相关程度基本处于稳定的状态。在 SF_6 气体环境中,SB1/SB2、SB1/SB3 和 SB1/SB4 多光谱特征对之间存在较强的负相关性,并且 Kendall 关联系数的绝对值显著高于 C_4F_7N/CO_2 混合气体环境中的数值。同时比较 C_4F_7N/CO_2 混合气体环境和 SF_6 气体环境中的 Kendall 关联系数,SB3/SB4 多光谱特征对在这两种气体环境下均表现为较强的正相关性,且 Kendall 关联系数的值相近;而 SB2/SB3、SB2/SB4 和 SB5/SB6 多光谱特征对之间的 Kendall 关联系数在这两种气体环境下的相关性趋势完全相反。

图 3-9 所示的结果仅能看出在单一气体环境下的各多光谱特征对之间的相关性变化的强弱,但是在所有气体环境下的多光谱特征对之间的相关性变化很难对比。因此,本书将所有多光谱特征对在所有气体环境下的 Kendall 关联系数(除 Kendall 关联系数为 1 的特征对外)进行了统计,在图 3-10 中 6×6 网格的序号对应图 3-9 中 Kendall 关联系数矩阵中每个网格位置处的 Kendall 关联系数。

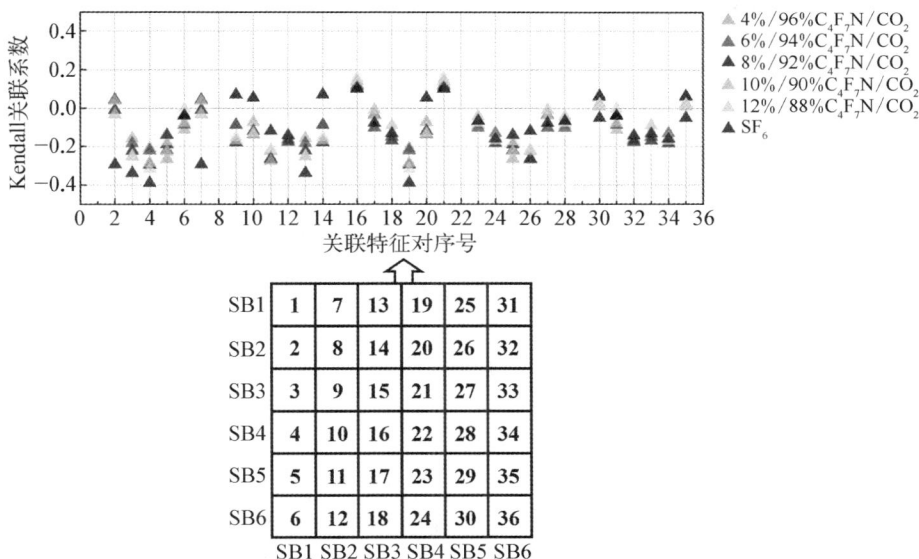

图 3-10　多光谱关联特征对的 Kendall 系数变化趋势

由图 3-10 可知,Kendall 关联系数小于 0 的情况明显多余大于 0 的情况,说明在本书所述的 6 种气体环境下,局部放电的多光谱关联特征之间大多呈负相关性。针对 SF_6 气体中的 Kendall 关联系数,能够明显看出在 SF_6 气体环境下的 Kendall 关联系数绝对值在很多情况下明显大于 C_4F_7N/CO_2 混合气体环境,而在 C_4F_7N/CO_2 混合气体环境下不同配比的 Kendall 关联系数差异较小,说明气体类型对局部放电多光谱关联特征之间的影响较大。这是由于放电的气体分子不同,不同的气体分子受电场激发会产生不同的能级跃迁和复合,使得光信号产生过程也出现较大的差异。

通过上述分析可知,部分多光谱特征之间的独立性较强,而部分多光谱特征之间的相关性较强。虽然证明了局部放电的多光谱特征之间存在关联关系,但也意味着如果使用多光谱特征进行进一步的分析计算,会出现特征信息冗余、降低特征空间质量的问题,这是由于气体分子在放电过程中存在相互影响。为了更好地利用局部放电多光谱关联特征,需要在进一步使用前对多光谱特征进行信息去冗,增加特征之间的独立性。

3.5 局部放电多光谱特征分布及特性分析

根据实验平台的测试结果可以得到 4 种缺陷分别在 6 种气体环境(纯 SF_6、$4\%/96\%$ C_4F_7N/CO_2、$6\%/94\%$ C_4F_7N/CO_2、$8\%/92\%$ C_4F_7N/CO_2、$10\%/90\%$ C_4F_7N/CO_2、$12\%/88\%$ C_4F_7N/CO_2)下的局部放电多光谱特征分布。本节主要研究了多光谱的相位特征分布、能量特征分布、雷达图特征分布和多光谱差值特征分布,具体分析如下。

3.5.1 多光谱相位特征分布

通过初步实验发现,对于不同浓度的 C_4F_7N/CO_2 混合气体,局部放电的相位特征分布在不同浓度比例下区别不大,因此本书选取 $6\%/94\%$ C_4F_7N/CO_2 配比的混合气体和纯 SF_6 气体作为代表气体进行对比分析。图 3-11~图 3-14 所示为 $6\%/94\%$ C_4F_7N/CO_2 混合气体和 SF_6 气体中尖端缺陷、悬浮缺陷、微粒缺陷和沿面缺陷的多光谱相位特征分布。其中,纵轴表示各缺陷下不同波段的相对局部放电光信号强度,灰色曲线表示局部放电多光谱相位特征分布的整体轮廓。

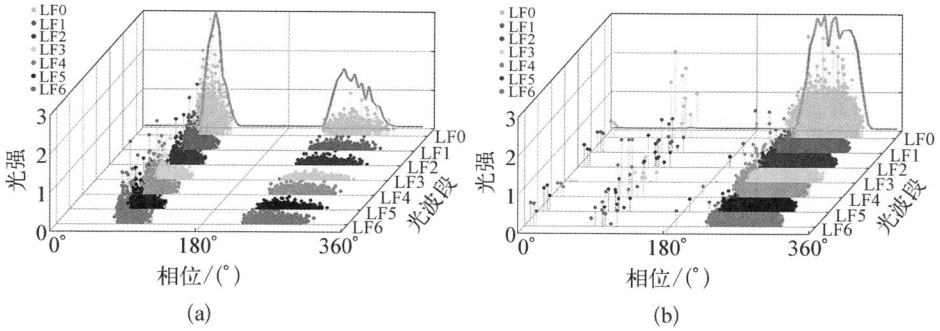

图 3-11　尖端缺陷的多光谱相位特征分布

(a) 6%/94% C_4F_7N/CO_2 中尖端缺陷；(b) SF_6 中尖端缺陷

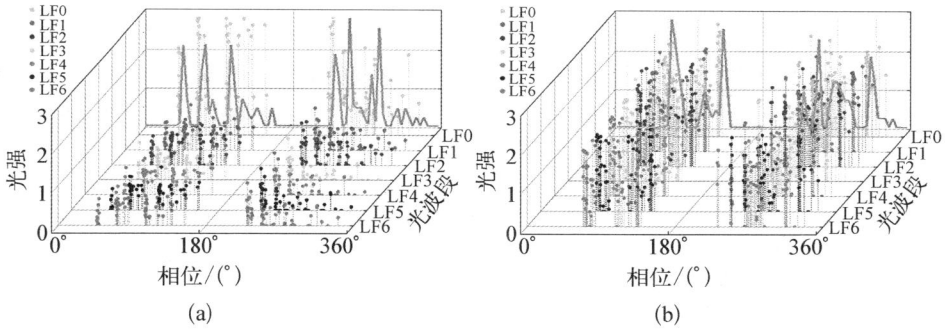

图 3-12　悬浮缺陷的多光谱相位特征分布

(a) 6%/94% C_4F_7N/CO_2 中悬浮缺陷；(b) SF_6 中悬浮缺陷

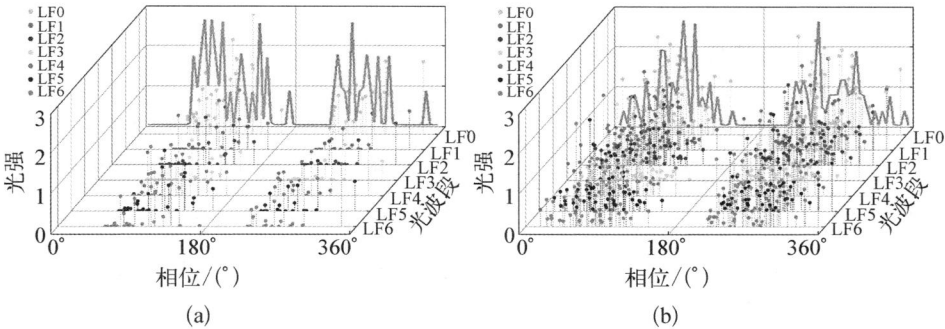

图 3-13　微粒缺陷的多光谱相位特征分布

(a) 6%/94% C_4F_7N/CO_2 中微粒缺陷；(b) SF_6 中微粒缺陷

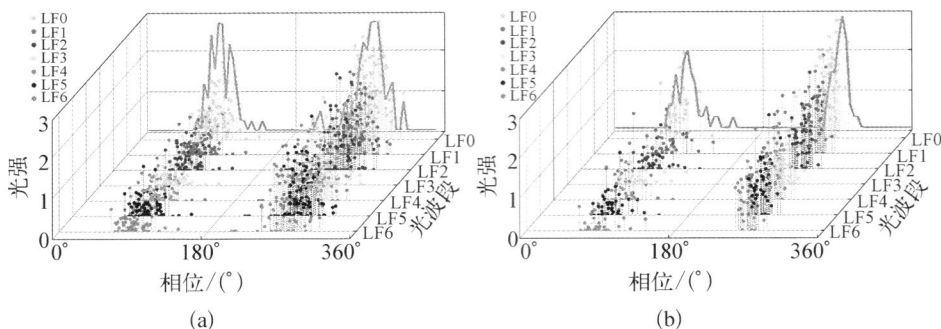

图 3 - 14 沿面缺陷的多光谱相位特征分布

(a) 6%/94% C_4F_7N/CO_2 中沿面缺陷；(b) SF_6 中沿面缺陷

从 4 种缺陷在 6%/94% C_4F_7N/CO_2 混合气体和 SF_6 气体中的多光谱特征分布可以看出，在不同的绝缘气体中，微粒缺陷、悬浮缺陷和沿面缺陷的相位分布基本分布在正半周和负半周。悬浮缺陷和微粒缺陷的局部放电多光谱在正半周和负半周中的分布范围更广。沿面缺陷的局部放电多光谱分布的相位范围相对较窄。尖端缺陷在 6%/94% C_4F_7N/CO_2 混合气体中的局部放电多光谱在正半周和负半周都有分布，而在 SF_6 气体中正半周只有少量的局部出现放电，这是由于不同的气体存在电负性差异，SF_6 气体的电负性更强，具有更明显的极性效应。

通过实验结果可以看出，在 SF_6 气体和 6%/94% C_4F_7N/CO_2 混合气体中，相同放电缺陷的局部放电多光谱相位特征分布存在一定的规律性差异，这可以为未来环保型 GIS 和传统 GIS 局部放电的多光谱检测和诊断提供参考。

3.5.2　多光谱能量特征分布

多光谱能量特征分布表示局部放电光信号在每个相位上的累计幅值，由多光谱微型阵列采集到的相对光辐射强度计算求和得到。图 3 - 15 至图 3 - 18 所示为在不同实验条件下，局部放电的多光谱能量特征分布具有不同的波段特征。

通过对多光谱能量特征分布的分析能够发现，同一个缺陷在不同的气体中具有不同的分布特征。有些缺陷在不同的气体中具有不同数量的多光谱能量峰，并且有些缺陷在不同的气体中，多光谱能量峰组成不同。例如，微粒缺陷和尖端缺陷在两种不同的气体中具有不同数量的能量峰；悬浮缺陷在两种不同的

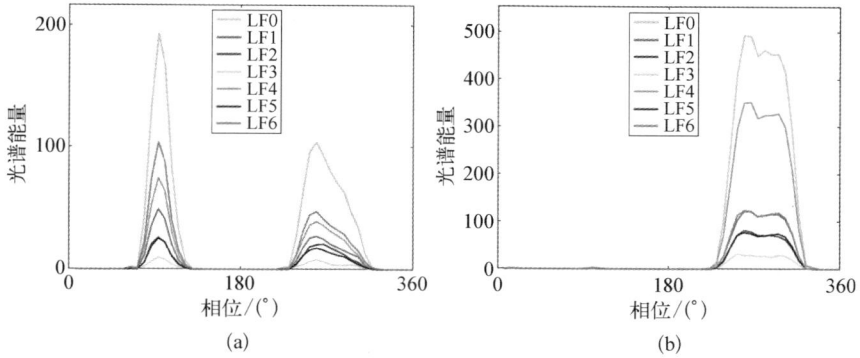

图 3-15　尖端缺陷的多光谱能量特征分布

(a) 6%/94% C_4F_7N/CO_2 中尖端缺陷；(b) SF_6 中尖端缺陷

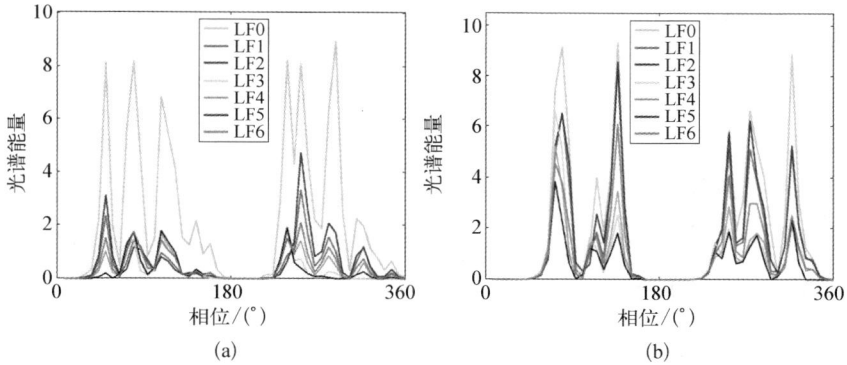

图 3-16　悬浮缺陷的多光谱能量特征分布

(a) 6%/94% C_4F_7N/CO_2 中悬浮缺陷；(b) SF_6 中悬浮缺陷

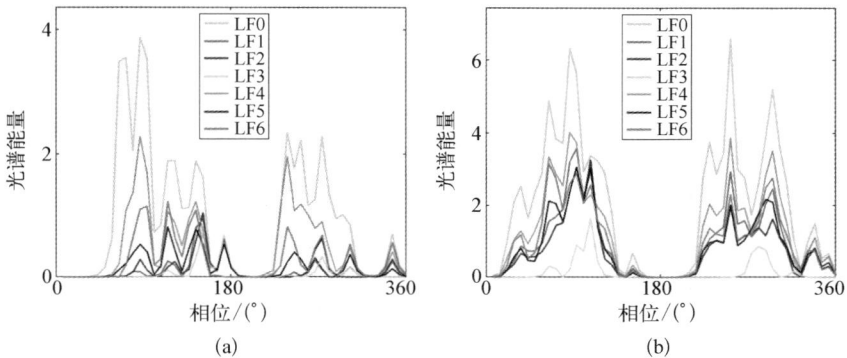

图 3-17　微粒缺陷的多光谱能量特征分布

(a) 6%/94% C_4F_7N/CO_2 中微粒缺陷；(b) SF_6 中微粒缺陷

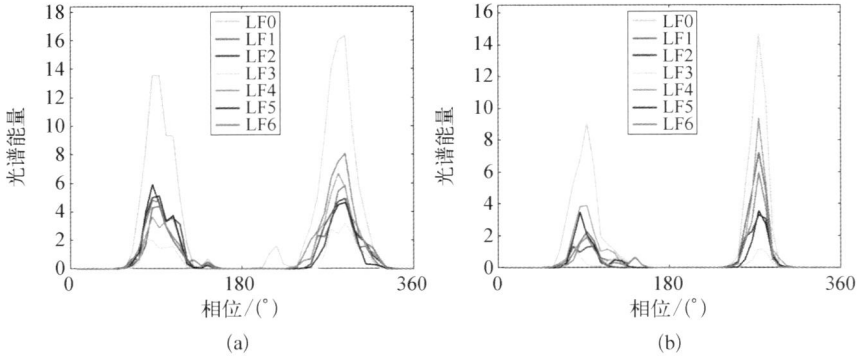

图 3-18 沿面缺陷的多光谱能量特征分布

(a) 6%/94% C_4F_7N/CO_2 中沿面缺陷；(b) SF_6 中沿面缺陷

气体中具有不同的多光谱能量峰。此外，还可以发现，在所有的分布中，LF0 波段接收到的局部放电光谱能量最高，是全透波段的；LF3 接收到的局部放电光谱能量最弱，这说明 LF3 所能透过的波段在局部放电光信号中的强度相对较低。

从图 3-15~图 3-18 还可以看出，不同气体中的放电粒子不同，不同气体的辐射光的强度也不同。因此，在不同的绝缘气体中，相同的缺陷在相同的波段下会出现不同的光谱能量分布。此外，不同缺陷的电场环境差异会导致放电粒子处于不同的激发态，从而使不同缺陷在同一种绝缘气体中的多光谱能量分布出现差异。通过对比不同气体中的多光谱相对能量分布可知，C_4F_7N/CO_2 混合气体与 SF_6 气体在保持放电缺陷的大致相位分布轮廓的基础上，存在一定的多光谱能量分布差异。

3.5.3 多光谱雷达图特征分布

为了研究在不同缺陷下不同多光谱波段的放电强度占比，本书提出了一种用于描述该占比的多光谱雷达图特征分布，即在 6 种气体条件下 4 种缺陷的局部放电多光谱雷达图特征分布，如图 3-19 所示。针对每种缺陷，本书分别计算 6 个多光谱波段中每个波段所有局部放电光脉冲信号强度的平均值，然后再将 6 个多光谱波段的平均值归一化处理为[0，1]，由此得到多光谱雷达图的特征分布。

根据尖端缺陷的多光谱雷达图特征分布可知，以 LF4 波段所占的比例最大，LF3 波段所占比例相对最小。雷达图的整体轮廓外观与微粒缺陷相似，都呈

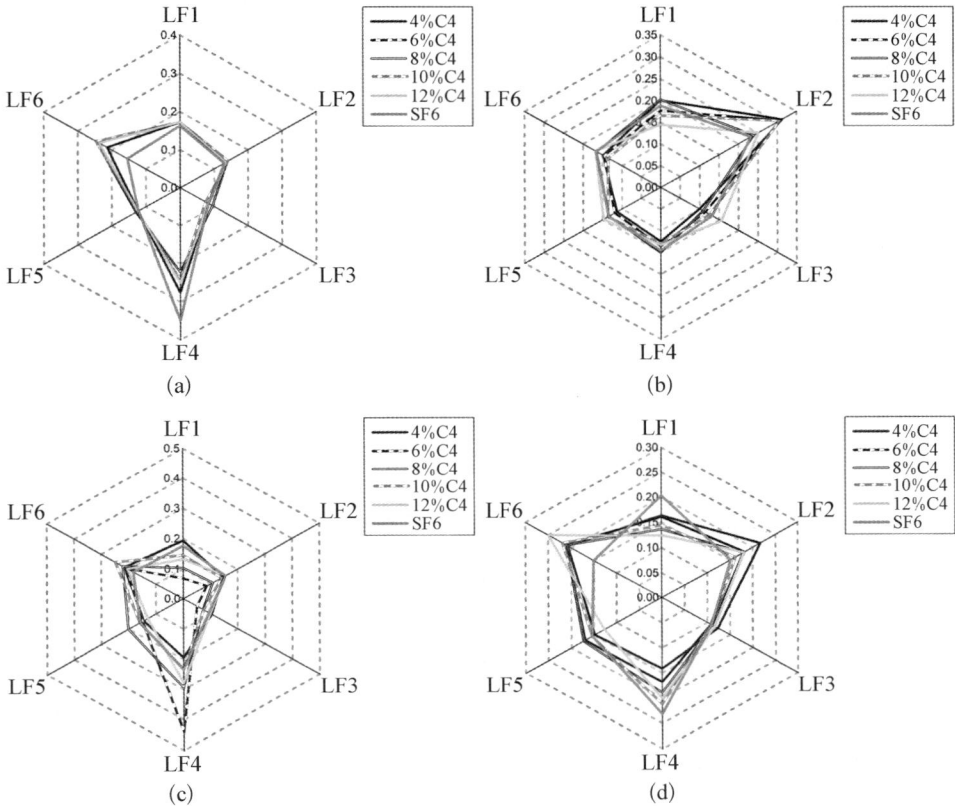

图 3-19　局部放电多光谱雷达图特征分布

（a）尖端缺陷；（b）悬浮缺陷；（c）微粒缺陷；（d）沿面缺陷

注：C4 表示 C_4F_7N 在 C_4F_7N/CO_2 气体混合物中的占比。

向下的锥状。此外,尖端缺陷在不同气体条件下的雷达图特征分布变化不大,仅存在部分差异,这说明尖端缺陷的多光谱雷达图特征对本书所述的气体条件变化不是特别敏感。

　　根据悬浮缺陷的多光谱雷达图特征分布可知,以 LF2 波段所占的比例最大,其余波段所占的比例基本相同,说明 LF2 波段是悬浮缺陷的特征波段。并且,悬浮缺陷在不同气体条件下的雷达图特征分布也基本相似,特征较为明显。

　　根据微粒缺陷的多光谱雷达图特征分布可知,以 LF4 波段所占的比例较高,LF3 所占比例较低,雷达图的整体轮廓形状为向下的锥形。虽然在不同气体条件下的轮廓趋势相似,但是微粒缺陷的多光谱雷达图特征分布在不同气体条件下分布较为分散,说明了微粒缺陷的局部放电多光谱特征对本书所述的 6 种气体条件改变较为敏感。

根据沿面缺陷的多光谱雷达图特征分布可知,LF2、LF4 和 LF6 多光谱波段占比相近,都占据了相对较大的比例,而 LF1、LF3 和 LF5 多光谱波段的占比较小,总体呈三角形分布。

从多光谱雷达图特征分布可以看出,不同的缺陷具有不同的分布特征;而对同一缺陷来说,在不同气体条件下的多光谱雷达图特征分布基本相似,仅略有不同。这也为后续应用局部放电多光谱特征进行聚类分析提供了理论参考和指导。

3.5.4 多光谱差值特征分布

根据前文关于多光谱特征的介绍,能够得到局部放电缺陷与多光谱特征之间存在一定的相关性,为了进一步地挖掘多光谱特征与局部放电缺陷之间的内在联系,以及不同的气体条件对多光谱特征的影响,本书提出了多光谱差值特征的概念,其定义为一个局部放电光脉冲中每个多光谱波段(LF1～LF6)的多光谱特征值之间依次相减的绝对值,共计 15 个多光谱差值特征。然后,将所有局部放电光脉冲信号的每种多光谱差值特征取平均值,得到多光谱平均差值特征,可表示为

$$F_m = mean(\mid P_{in} - P_{jn} \mid), \begin{cases} i, j = 1, \cdots, 6 ; i < j ; i \neq j \\ n = 1, \cdots, N \\ m = 1, \cdots, 15 \end{cases} \tag{3-3}$$

式中,F_m 表示第 m 个多光谱平均差异特征;P_{in} 表示第 i 个多光谱波段采集到的第 n 个局部放电脉冲的光谱特征值;P_{jn} 表示第 j 个多光谱波段采集到的第 n 个局部放电脉冲的光谱特征值;N 表示所有局部放电光脉冲的数量。

从图 3-20～图 3-23 能够看出,不同缺陷的多光谱平均差值特征分布总体上存在差异,而 C_4F_7N/CO_2 混合气体和 SF_6 气体在同一缺陷中的分布趋势大致相似。在不同的气体环境下,尖端放电有相同的趋势变化,悬浮放电存在共同的极值变化趋势,微粒放电也存在大致相同的变化趋势,沿面放电的特征变化为在一定区间内平稳波动。

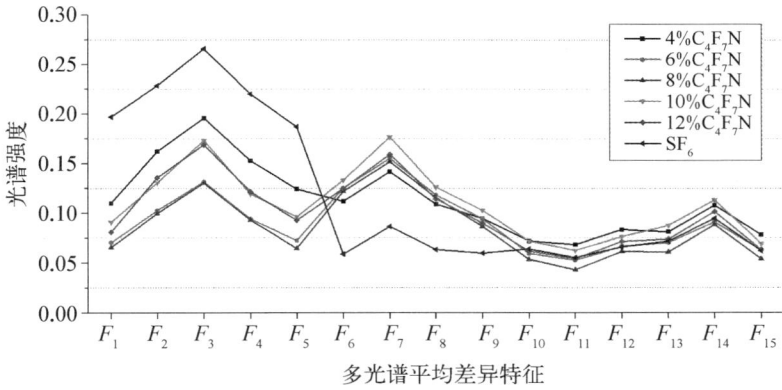

图 3‑20　尖端放电的多光谱平均差值特征分布

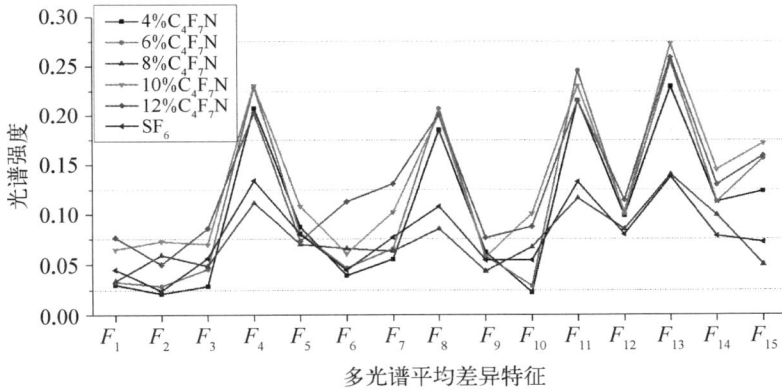

图 3‑21　悬浮放电的多光谱平均差值特征分布

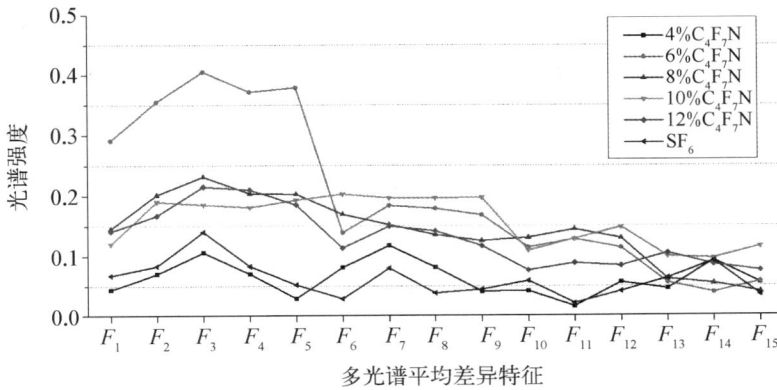

图 3‑22　微粒放电的多光谱平均差值特征分布

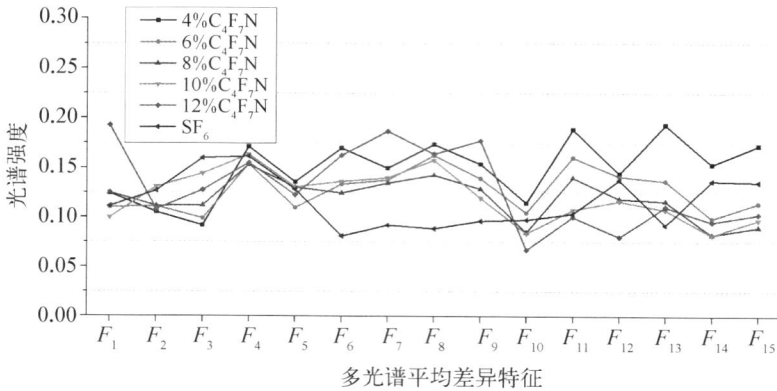

图 3－23　沿面放电的多光谱平均差值特征分布

因此,结合之前的多光谱特征研究,能够基本确定局部放电的缺陷类型与多光谱特征有着一定的密切联系,并且气体条件也会影响局部放电各种多光谱特征的分布,但总体上,不同的缺陷类型对多光谱特征分布的影响较大。基于此,本书将在下一节以局部放电的多光谱特征为数据基础,对局部放电的缺陷类型进行聚类分析。

3.6　基于多光谱特征和高斯混合模型的局部放电缺陷聚类分析

通过对局部放电不同缺陷的多光谱特征检测可以发现,不同的缺陷放电与多光谱特征之间存在一定的内在联系。为了进一步探究局部放电多光谱特征与放电缺陷之间的关联性,本节提出了一种运用高斯混合模型对不同放电缺陷的多光谱特征数据进行聚类分析的方法,研究了在不同气体条件下,不同缺陷运用多光谱特征数据的聚类效果。

3.6.1　高斯混合模型聚类分析理论

高斯混合模型聚类方法是一种基于概率对聚类结果进行分配的软分类方法,相比于 K 均值聚类法、模糊聚类法和层次聚类法,高斯混合模型聚类具有更加灵活的聚类形状、对异常值较强的辨别能力，以及能够更好地捕捉不同属性之间的相关性[4]。

高斯混合模型是多个单一高斯分布函数的线性组合，其原理是通过拟合输入数据集，从而构造出最合适的混合多维高斯分布模型。含有 K 个分量的高斯混合模型可以表示如下：

$$\begin{cases} p(x) = \sum_{k=1}^{K} \boldsymbol{\omega}_k N(x \mid \boldsymbol{\mu}_k, \boldsymbol{\Sigma}_k) \\ N(x \mid \boldsymbol{\mu}_k, \boldsymbol{\Sigma}_k) = \dfrac{1}{\sqrt{\mid \boldsymbol{\Sigma}_k \mid} (2\pi)^{d/2}} e^{-\frac{1}{2}(x-\boldsymbol{\mu}_k)^{\mathrm{T}} \boldsymbol{\Sigma}_k^{-1}(x-\boldsymbol{\mu}_k)} \\ \sum_{k=1}^{K} \boldsymbol{\omega}_k = 1, \ 0 \leqslant \boldsymbol{\omega}_k \leqslant 1 \end{cases} \quad (3-4)$$

式中，x 是一个 d 维的变量；$N(x \mid \boldsymbol{\mu}_k, \boldsymbol{\Sigma}_k)$ 是高斯概率密度函数；$\boldsymbol{\omega}_k$、$\boldsymbol{\mu}_k$、$\boldsymbol{\Sigma}_k$ 分别代表高斯混合模型中第 k 个分量的权重向量、均值向量和协方差矩阵；$p(x)$ 表示高斯混合模型的概率密度函数；K 表示需要聚类的类别数；$\boldsymbol{\Sigma}^{-1}$ 表示 $\boldsymbol{\Sigma}$ 的逆矩阵。

高斯混合模型经过分类训练后的输出是一系列的概率统计值，我们选取其中概率值最大的类别作为决策对象。因此，高斯混合模型的输出概率值所蕴含的信息量比直接决定某个类别划分的聚类方法要更加丰富。尤其是当类别之间存在一定的信息重叠时，直接对类别进行划分容易导致聚类信息丢失，从而降低聚类效果。

在对多光谱特征数据集进行聚类时，需要估计高斯混合模型的未知模型参数。期望最大化（expectation maximization，EM）算法是估计高斯混合模型参数的一种比较有效的方法。EM 算法通过迭代计算估计模型参数，使得似然函数达到最大值，可大大降低最大似然估计的计算复杂度。EM 算法总共分为两步，分别为期望计算（E-Step）和最大化计算（M-Step）。

E-Step 是根据已知的参数，即引入隐藏变量，来计算每个分量生成每个数据点的概率。M-Step 是根据 E-Step 的结果求解和更新模型的参数。重复 E-Step 和 M-Step 的计算过程，直至参数或者对数似然函数收敛。

假设数据集 $X = \{x_1, x_2, \cdots, x_N\}$ 服从高斯混合模型分布，通过 E-Step，

第 k 个分量生成数据 x_1 的概率为

$$\gamma_k(x_i) = \frac{\boldsymbol{\omega}_k N(x_i \mid \boldsymbol{\mu}_k, \boldsymbol{\Sigma}_k)}{\sum\limits_{k=1}^{K} \boldsymbol{\omega}_k N(x_i \mid \boldsymbol{\mu}_k, \boldsymbol{\Sigma}_k)} \tag{3-5}$$

式中，$\gamma_k(x_i)$ 表示第 k 个分量生成数据 x_1 的概率；$\boldsymbol{\omega}_k$、$\boldsymbol{\mu}_k$、$\boldsymbol{\Sigma}_k$ 分别表示混合模型中第 k 个分量的权重向量、均值向量和协方差矩阵；K 表示聚类过程中类别的数量。

M‐Step 估计高斯混合模型的参数过程为

$$\begin{cases} \boldsymbol{\mu}_k = \dfrac{\sum\limits_{i=1}^{N} \gamma_k(x_i) x_i}{\sum\limits_{i=1}^{N} \gamma_k(x_i)} \\[4mm] \boldsymbol{\Sigma}_k = \dfrac{\sum\limits_{i=1}^{N} \gamma_k(x_i)(x_i - \boldsymbol{\mu}_k)(x_i - \boldsymbol{\mu}_k)^{\mathrm{T}}}{\sum\limits_{i=1}^{N} \gamma_k(x_i)} \\[4mm] \boldsymbol{\omega}_k = \dfrac{1}{N} \sum\limits_{i=1}^{N} \gamma_k(x_i) \end{cases} \tag{3-6}$$

式中，$\boldsymbol{\omega}_k$、$\boldsymbol{\mu}_k$、$\boldsymbol{\Sigma}_k$ 分别表示高斯混合模型中第 k 个分量的权重向量、均值向量和协方差矩阵，由 M‐Step 估计得到；$\gamma_k(x_i)$ 表示第 k 个分量生成数据 x_1 的概率；N 为数据集的总数据量。

根据上述步骤可以计算出高斯混合模型的参数估计，为聚类分析做准备。

3.6.2 局部放电光学聚类分析结果

为了探究在不同气体条件下高斯混合模型聚类分析的效果，本书依旧以 $4\%/96\%$、$6\%/94\%$、$8\%/92\%$、$10\%/90\%$、$12\%/88\%$ 配比的 C_4F_7N/CO_2 和纯 SF_6 气体中的局部放电多光谱数据为研究对象，在每种气体条件下进行 4 种局部放电缺陷的实验。针对每个诊断样本，在每种实验条件下采集 1 000 ms 的局部放电光脉冲信号。本书将每个局部放电光脉冲信号在时域中采集到的 6 个多光谱波段的强度值表示为如下集合：

$$I_i = \{a_i^{\text{LF1}}, a_i^{\text{LF2}}, \cdots, a_i^{\text{LF6}}\}, (i = 1, 2, \cdots, N) \quad (3-7)$$

式中，I_i 表示第 i 个局部放电光脉冲的多光谱辐射强度集合；a_i 表示第 i 个局部放电光脉冲的不同多光谱波段的光辐射强度；N 表示该实验条件下采集到的所有局部放电光脉冲数量。

由于局部放电光脉冲信号的绝对强度值具有波动性，不适合直接作为数据样本进行聚类分析。为了更加可靠、合理地表征不同实验条件下局部放电的多光谱特征，本书将式（3-7）采集到的局部放电多光谱辐射强度值归一化为 $[-1, 1]$，以 a_i^{LF1} 为例可以计算如下：

$$A_i^{\text{LF1}} = \frac{2 \times [a_i^{\text{LF1}} - \min(a_i^{\text{LF1}}, a_i^{\text{LF2}}, \cdots, a_i^{\text{LF6}})]}{\max(a_i^{\text{LF1}}, a_i^{\text{LF2}}, \cdots, a_i^{\text{LF6}}) - \min(a_i^{\text{LF1}}, a_i^{\text{LF2}}, \cdots, a_i^{\text{LF6}})} - 1$$

$$(3-8)$$

式中，A_i^{LF1} 表示 a_i^{LF1} 的归一化后的值，其余多光谱波段的归一化步骤相同。

由此，归一化后的局部放电多光谱辐射强度为

$$I_i^{\text{normal}} = \{A_i^{\text{LF1}}, A_i^{\text{LF2}}, \cdots, A_i^{\text{LF6}}\} \quad (3-9)$$

将式（3-9）中的归一后的局部放电多光谱辐射强度作为高斯混合模型聚类分析的输入。另外，因为本书选取了 4 种缺陷类型，所以 $K = 4$。

根据上述实验流程，最终从图 3-24 中得到在不同绝缘气体条件下高斯混合模型对局部放电多光谱特征的聚类结果。从实验结果可以看出，该聚类分析方法在 6 种气体条件下的平均聚类准确率可达到 88.14%，以在 SF$_6$ 气体中的精度最高，能够达到 95.02%。虽然 C_4F_7N/CO_2 混合气体的整体聚类精度略低于 SF$_6$ 气体，但是在不同气体中的整体平均检测性能还是高于当前的许多研究方法[5-8]，如表 3-4 所示。这可以说明，本书提出的基于多光谱特征和高斯混合模型的聚类分析方法在同领域中处于优势，能够较好地应用于局部放电缺陷类型的聚类和特征分析。此外，通过聚类分析的结果可以看出，GIS 局部放电的多光谱特征能够在一定程度上表征放电缺陷的类型，也进一步验证了前文对 SF$_6$ 气体和 C_4F_7N/CO_2 混合气体中局部放电的多光谱特征的理论阐述和结果分析。

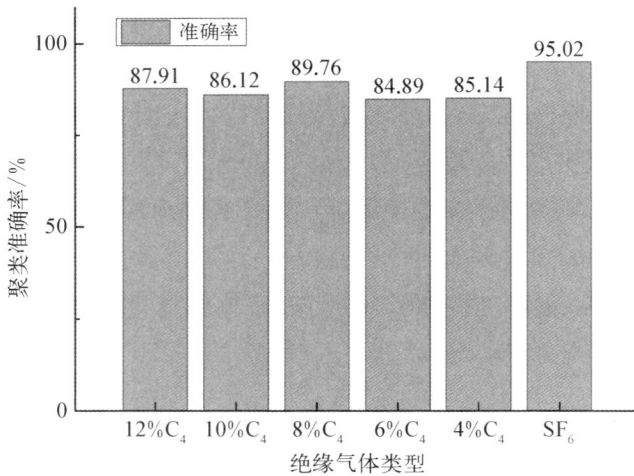

图 3‑24 基于高斯混合模型的局部放电多光谱特征聚类结果

注：C4 为 C_4F_7N 在 C_4F_7N/CO_2 气体混合物中的占比。

表 3‑4 不同局部放电聚类方法的准确度

方法类型	本书方法	随机树法	神经网络法	色差方法论	DS 证据理论
准确度/%	88.14	87.5	83.3	86.67	84.4

为了研究 GIS 局部放电的多光谱特性,本章提出了一种基于 SiPM 微型传感阵列的局部放电多光谱信号采集方法,研究了在 SF_6 气体和 C_4F_7N/CO_2 混合气体中多光谱特征的分布,并分析了多光谱特征分布与局部放电缺陷类型之间的关系,最后运用高斯混合模型对不同缺陷的局部放电多光谱特征进行了聚类分析,为局部放电光学检测提供检测波段的技术参考,下面是主要结论。

(1)研制了基于 SiPM 微型传感阵列的局部放电多光谱检测模块,该检测模块集成度高、安装便捷,能够实现多通道光学信号的同步检测,其包含 7 个检测波段,并且可根据需要调整多光谱采集的分辨率。该检测模块还具有备用检测通道,有较高的可靠性。

(2)搭建了局部放电光学仿真模型,并通过仿真验证了在局部放电光源有遮挡和非直射的情况下,16 个 SiPM 感知单元在采集光辐射强度时具有很好的一致性,说明本书设计的多光谱检测模块的有效性。

（3）搭建了基于 SiPM 微型传感阵列的局部放电多光谱检测实验平台，设计并投入了 4 种典型局部放电缺陷进行试验。

（4）分析了在不同气体环境下局部放电多光谱关联特征之间的关系，以及局部放电多光谱的相位分布、能量特征分布、雷达图特征分布和差值特征分布，初步得到了局部放电缺陷类型与局部放电多光谱特征具有一定的联系。

（5）提出了基于多光谱特征和高斯混合模型的局部放电缺陷聚类分析方法，实现了多光谱特征与局部放电缺陷类型之间关联关系的量化表征。实验测试了在不同气体条件下的聚类准确率，其中在 SF_6 气体条件下能够达到95.02％，平均可达 88.14％，在局部放电聚类分析领域处于优势水平，这进一步说明了局部放电的多光谱特征与局部放电缺陷之间具有密切联系，为局部放电缺陷类型的聚类分析提供了一种新的思路。

参考文献

［1］Zang Y，Qian Y，Zhou X，et al. Application of a partial discharge diagnosis method based on the novel multispectral array sensor and GMM in different insulating gases[J]. IEEE Transactions on Instrumentation and Measurement，2022，71：1 - 11.

［2］Xu Y，Yong Q，Sheng G，et al. Simulation analysis on the propagation of the optical partial discharge signal in I-shaped and L-shaped GILs[J]. IEEE Transactions on Dielectrics and Electrical Insulation，2018，25(4)：1421 - 1428.

［3］Kieffel Y，Irwin T，Ponchon P，et al. Green gas to replace SF_6 in electrical grids[J]. IEEE Power and Energy Magazine，2016，14(2)：32 - 39.

［4］Liang T，Meng Z，Xie G，et al. Multi-running state health assessment of wind turbines drive system based on BiLSTM and GMM［J］. IEEE Access，2020，8：143042 - 143054.

［5］Muhamad N A，Musa I V，Malek Z A，et al. Classification of partial discharge fault sources on SF insulated switchgear based on twelve By-Product gases random forest pattern recognition[J]. IEEE Access，2020，

8：212659 - 212674.

［6］ Lumba L S，Khayam U，Maulana R. Design of pattern recognition application of partial discharge signals using artificial neural networks ［C］//Proceedings of the International Conference on Electrical Engineering and Informatics (ICEEI)，2019：239 - 243.

［7］ Wang X，Li X，Rong M，et al. UHF signal processing and pattern recognition of partial discharge in Gas-Insulated switchgear using chromatic methodology［J］. Sensors，2017，17(12)：177 - 191.

［8］ Kari T，Gao W，Zhao D，et al. An integrated method of ANFIS and Dempster-Shafer theory for fault diagnosis of power transformer［J］. IEEE Transactions on Dielectrics and Electrical Insulation，2018，25(1)：360 - 371.

第 **4** 章

基于荧光光纤与仿真指纹的
局部放电光学定位技术

应用荧光光纤进行局部放电检测具有灵敏度高、抗干扰能力强等优势,但是通过荧光光纤对局部放电光源进行定位的研究很少。本章提出了一种基于荧光光纤检测与光学仿真指纹的局部放电定位方法,该方法利用局部放电光学仿真克服了传统指纹定位方法中需要通过实际现场试验来构建指纹库的难题,实现了 GIS 局部放电的高精度定位。

4.1 GIS 局部放电光学仿真模型

本节主要介绍了局部放电光源、GIS 罐体材料和 GIS 罐体结构的仿真模型的设置和搭建,通过仿真模拟局部放电光学信号的产生、传播和接收等过程,为构建局部放电光学仿真指纹库奠定基础。

4.1.1 局部放电光源的仿真模型

在本书的仿真模型中,局部放电光源设置为一个正球型光源,放置于尖端缺陷针尖的下方。该仿真光源的光线都垂直于光源表面向外辐射,辐射光线的总量为 2.5×10^5 条,总辐射通量为 100 W,这能够充分保证光线可以到达罐体的每个位置。本书的研究对象为局部放电的光信号强度分布,其原理对于任何波长的光都同样适用,并且考虑到 SF_6 气体对可见光的吸收效应很低,因此根据相关已有研究选取绿光作为局部放电光学仿真的波段范围[1]。

针对定位过程中局部放电光学仿真光强的定义,本书提出了一种相对光辐射值 E_r 来表示光学仿真探头所采集到的局部放电光强,表示为

$$E_r = \frac{dP_r}{dS} \qquad (4-1)$$

式中,P_r 表示仿真探头采集到的仿真光辐射强度值;S 表示仿真探头的接收端面的面积;相对光辐射值 E_r 表示仿真探头上单位面积所接收到的光辐射强度。

4.1.2　GIS 罐体材料的仿真模型

GIS 罐体的材料对局部放电光信号传播起着重要的作用,是影响局部放电光信号仿真的重要因素。在本书的仿真模型中,光信号的漫反射模型采用双向反射分布函数(BRDF)模型,该模型以入射光为中心,表示 GIS 罐体表面不同角度的反射光在三维半球内的辐射情况,具体如图 3 - 2 所示。该 BRDF 的函数表示如下:

$$f(\theta_i, \phi_i, \theta_r, \phi_r) = \frac{dL(\theta_r, \phi_r)}{dE(\theta_i, \phi_i)} \qquad (4-2)$$

式中,θ_i、ϕ_i 分别代表入射光的仰角和方位角;θ_r、ϕ_r 分别代表反射光的仰角和方位角;dE 和 dL 分别代表单位面积上来自特定方向的入射光线和反射光线的强度。

同时,局部放电光辐射信号在设备罐体中传播时,光的吸收系数、镜面反射系数和漫反射系数要满足求和等于 1 的原则。本书选择的实验罐体材料为抛光并氧化的中等光滑铝材,该材料的吸收系数为 0.3、镜面反射系数为 0.2、漫反射系数 0.5。

4.1.3　GIS 罐体结构的仿真模型

为了进行实验验证,我们在实验室中搭建了 GIS 局部放电模拟罐体,以实验罐体为参考,在 Tracepro 光学仿真软件中搭建了尺寸完全相同的 GIS 局部放电光学仿真模型,如图 4 - 1 所示。

由图 4 - 1 可知,罐体的主要部件均标明了尺寸参数,罐体的内径为 90 mm,罐体厚度为 10 mm,罐体中心轴杆的半径为 12.5 mm。中心轴杆包括上下两个可自由转动的连接杆,这两个轴杆可以通过螺纹上下调节高度;这两个中心轴杆

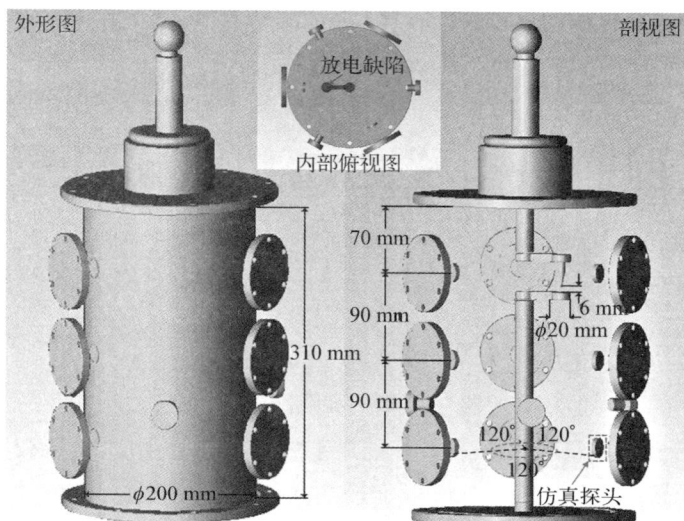

图 4 - 1　GIS 局部放电光学仿真模型

中间设置有尖端缺陷,通过改变中心轴杆的角度和高度调整缺陷在罐体中的位置,从而仿真模拟不同位置产生局部放电光源的情况。本书所用的尖端缺陷中针尖距离接地板的距离为 6 mm,接地板的直径为 20 mm,上方针尖的长度为 25 mm。另外,为了在仿真中模拟实际局部放电光学传感器,本书参考实际光学传感器的安装方式和位置,在仿真罐体的相应位置设置了 9 个仿真探头,如图 4 - 1 所示。9 个仿真探头中每 3 个仿真探头处于一个水平面中,同一水平面上的 3 个仿真探头在角度上相距 120°。仿真探头是一个直径 20 mm、厚度 5 mm 的圆柱,其圆面正对轴心,整体垂直于水平面放置,材料属性设置为完全透射,不会对局部放电的仿真光学信号产生干扰。

4.2　局部放电光学仿真指纹库的构建原理

局部放电光学仿真指纹库是进行局部放电指纹定位的前提,构建局部放电光学仿真指纹库能够获得设备中每个位置发生局部放电时光信号在设备内部的光辐射强度分布。针对同一局部放电光源,不同位置采集到的局部放电光辐射强度所构成的集合称为局部放电光学指纹,局部放电光学指纹能够表征不同位置局部放电光源的光辐射强度信息,其中不同位置采集到的光辐射强度差异蕴含丰富的位置信息。本书将详细介绍其构建的原理和过程。

为了构建局部放电光学仿真指纹库,基于在 4.1 节中已经搭建的局部放电光学仿真模型,在仿真罐体中选取 N 个点作为局部放电光源,每个局部放电光源的位置记为 $L_j(j=1,2,\cdots,N)$。针对每个位置的局部放电光源,在进行局部放电光学仿真的过程中都采用 M 个仿真探头采集局部放电的光辐射强度,每个仿真探头的编号分别记为 $S_i(i=1,2,\cdots,M)$。此时,仿真探头 S_i 采集到局部放电光源 L_j 所辐射出的光信号强度记为 $\varphi'_{i,j}$。

因为实际的局部放电强度存在很大的随机性,同一位置可能产生不同强度的局部放电,并且实际无法预知某一处局部放电发生的强度,所以仅通过采集不同仿真探头光辐射强度的绝对值很难表征某一位置局部放电固有的光学特征。为了使本书构建的局部放电仿真指纹库能够适用于不同强度的局部放电,本书对同一局部放电光源所采集到的光辐射强度进行了归一化处理,使局部放电光学仿真指纹表示为不同仿真探头之间采集到的相对光强信息,其能够表征某一位置局部放电的固有光学位置信息,而不会受局部放电光源辐射光强变化的影响。归一化的范围为 $[-1,1]$,具体方法如式(4-3)所示。

$$\varphi_{i,j} = \frac{2 \times [\varphi'_{i,j} - \min(\varphi'_{1,j},\varphi'_{2,j},\cdots,\varphi'_{M,j})]}{\max(\varphi'_{1,j},\varphi'_{2,j},\cdots,\varphi'_{M,j}) - \min(\varphi'_{1,j},\varphi'_{2,j},\cdots,\varphi'_{M,j})} - 1$$

$$(4-3)$$

式中,$\varphi_{i,j}$ 为进行归一化后的 $\varphi'_{i,j}$ 值,即仿真探头 S_i 采集到局部放电光源 L_j 所辐射出的光信号强度相对于其余仿真探头的相对光强值。

以归一化后的相对光辐射强度为指纹单元,构建局部放电光学仿真指纹库 $\boldsymbol{\Psi}$ 为:

$$\boldsymbol{\Psi} = \begin{bmatrix} \varphi_{1,1} & \varphi_{1,2} & \cdots & \varphi_{1,N} \\ \varphi_{2,1} & \varphi_{2,2} & \cdots & \varphi_{2,N} \\ \vdots & \vdots & & \vdots \\ \varphi_{M,1} & \varphi_{M,2} & \cdots & \varphi_{M,N} \end{bmatrix}$$

$$(4-4)$$

式中,M 为仿真探头的总数量;N 为不同位置的局部放电仿真光源总数量;$\boldsymbol{\Psi}$ 的列向量 $\boldsymbol{\Psi}_j = [\varphi_{1,j},\varphi_{2,j},\cdots,\varphi_{M,j}]^T$ 为局部放电仿真光源 L_j 的光学局部放

电仿真指纹。

　　由此可知,通过对设备中尽可能多的位置(L_j)进行局部放电光学仿真,可以构建出包含更多局部放电仿真指纹的指纹库,提高指纹库的分辨率,最终有助于提高后期指纹匹配定位的精度。

4.3　NPSO - KELM 指纹识别算法

　　本节将介绍局部放电光学定位方法的关键的机器学习算法,包括极限学习机(ELM)和核极限学习机(KELM),这些算法都能够有效处理高维数据并提高识别精度。此外,我们还将探讨非线性粒子群优化与核极限学习机结合的NPSO - KELM 指纹识别算法,该算法通过优化参数可进一步提升局部放电指纹识别的准确性和鲁棒性。这些先进算法为局部放电的精确检测和定位提供了强有力的技术支持。

4.3.1　极限学习机

　　ELM 为一种单隐层结构的神经网络,其不同于传统的反向传播神经网络,ELM 无须通过多次的迭代计算而构建神经网络结构。在已知隐含层节点个数的前提下,通过计算便可得到神经网络的输出权值,最终确定整个神经网络的参数,其网络结构如图 4 - 2 所示。ELM 在神经网络训练计算的过程中提高了计算效率,具有良好的非线性拟合能力[2]。

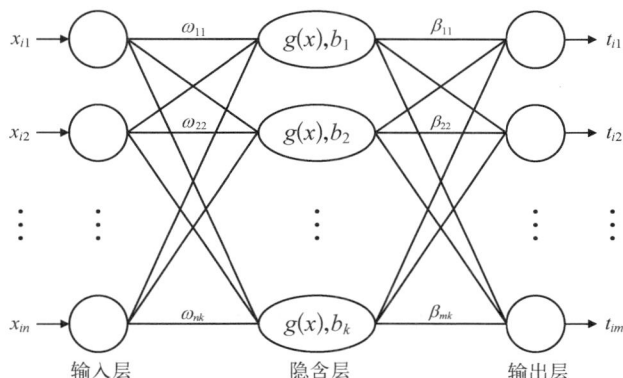

图 4 - 2　ELM 网络结构

在计算中假设有 D 个训练数据样本 $\{(\boldsymbol{x}_i, \boldsymbol{t}_i)\}_{i=1}^{D}$，其中 $\boldsymbol{x}_i = [x_{i1}, x_{i2}, \cdots, x_{in}]^{\mathrm{T}} \in R^n$ 表示 ELM 网络的输入，$\boldsymbol{t}_i = [t_{i1}, t_{i2}, \cdots, t_{im}]^{\mathrm{T}} \in R^m$ 表示 ELM 的输出。当 ELM 网络具有 K 个隐藏节点且激励函数为 $g_k(x_k)$ 时，ELM 网络的计算式为

$$\boldsymbol{y}_j = \sum_{k=1}^{K} \boldsymbol{\beta}_k g_k(\boldsymbol{\omega}_k \boldsymbol{x}_j + b_k), \quad j=1, 2, \cdots, D \tag{4-5}$$

式中，对于第 k 个隐藏层节点来说，$g_k(\boldsymbol{\omega}_k \boldsymbol{x}_j + b_k)$ 表示该隐藏层节点上的激励函数；$\boldsymbol{\omega}_k = [\omega_{1k}, \omega_{2k}, \cdots, \omega_{nk}]$ 表示隐藏层节点与输入层各节点之间的权值；$\boldsymbol{\beta}_k = [\beta_{1k}, \beta_{2k}, \cdots, \beta_{mk}]$ 表示隐藏层节点与输出层各节点之间的权值；b_k 表示隐藏层的偏置；$\boldsymbol{y}_j \in R^m$ 表示 ELM 网络的目标输出。

当激励函数零误差地接近 D 个随机样本时，有

$$\sum_{j=1}^{D} \| \boldsymbol{y}_j - \boldsymbol{t}_j \| = 0 \tag{4-6}$$

由此可以得到

$$\boldsymbol{t}_j = \sum_{k=1}^{K} \boldsymbol{\beta}_k g_k(\boldsymbol{\omega}_k \boldsymbol{x}_j + b_k), \quad j=1, 2, \cdots, D \tag{4-7}$$

式(4-7)能够通过矩阵表示为

$$\boldsymbol{H}\boldsymbol{\beta} = \boldsymbol{T} \tag{4-8}$$

$$\boldsymbol{H} = \begin{bmatrix} g_k(\boldsymbol{\omega}_1 \boldsymbol{x}_1 + b_1) & \cdots & g_k(\boldsymbol{\omega}_K \boldsymbol{x}_1 + b_K) \\ \vdots & & \vdots \\ g_k(\boldsymbol{\omega}_1 \boldsymbol{x}_D + b_1) & \cdots & g_k(\boldsymbol{\omega}_K \boldsymbol{x}_D + b_K) \end{bmatrix}_{D \times K} \tag{4-9}$$

式中，$\boldsymbol{H}$ 表示隐含层的输出矩阵；$\boldsymbol{T}$ 表示期望的输出向量。由此，可以利用最小二乘法求解式(4-8)来计算得到输出权值 $\boldsymbol{\beta}^*$ 的最优值，最优值表示如下：

$$\boldsymbol{\beta}^* = \boldsymbol{H}^+ \boldsymbol{T} \tag{4-10}$$

式中，$\boldsymbol{H}^+$ 表示隐含层输出矩阵的 Moore-Penrose 的广义逆。

然而，只有当隐含层节点数与样本数相同时，ELM 模型才能执行式(4-6)。在实际运算过程中，隐含层节点数在大多数情况下少于训练样本数，从而导致复

共线性问题。复共线性问题会导致 ELM 网络结构在构建的过程中得到不同的 $\boldsymbol{H}^{+}$，从而使最优输出权值 $\boldsymbol{\beta}^{*}$ 也随之改变，这会增加模型的不稳定性，影响算法的识别效果，不利于局部放电指纹的匹配定位。

4.3.2　核极限学习机

为了解决 ELM 模型会出现的复共线性问题，进一步提高 ELM 网络模型的稳定性和泛化能力，本书采用 KELM 模型，具体算法如下[3]。

1）核矩阵定位

$$\begin{cases} \boldsymbol{\Omega}_{\mathrm{ELM}} = \boldsymbol{H}\boldsymbol{H}^{\mathrm{T}} \\ \boldsymbol{\Omega}_{i,j} = h(\boldsymbol{x}_i) \cdot h(\boldsymbol{x}_j) = K(\boldsymbol{x}_i, \boldsymbol{x}_j) \end{cases} \tag{4-11}$$

式中，$h(\boldsymbol{x})$ 表示网络隐含层节点的输出函数，首先通过 Mercer's 条件定义核矩阵，然后利用核矩阵 $\boldsymbol{\Omega}_{\mathrm{ELM}}$ 替代随机矩阵 $\boldsymbol{H}\boldsymbol{H}^{\mathrm{T}}$，最后运用核函数把整体 n 维输入空间样本映射至高维的隐含层特征空间。

本书中的核函数为径向基核函数：

$$K(\boldsymbol{x}, \boldsymbol{x}_i) = \exp\left(-\frac{\|\boldsymbol{x} - \boldsymbol{x}_i\|^2}{\sigma^2}\right) \tag{4-12}$$

式中，σ 表示核函数参数因子。

2）添加参数

为了改善 ELM 网络的稳定性与泛化能力，同时要求 $\boldsymbol{H}\boldsymbol{H}^{\mathrm{T}}$ 的特征根不为零，本书对单位对角矩阵 $\boldsymbol{H}\boldsymbol{H}^{\mathrm{T}}$ 添加参数 I/C，基于此计算得到最优输出权值 $\boldsymbol{\beta}^{*}$。因此，ELM 模型的 $\boldsymbol{\beta}^{*}$ 能够表示为

$$\boldsymbol{\beta}^{*} = \boldsymbol{H}^{\mathrm{T}}(I/C + \boldsymbol{H}\boldsymbol{H}^{\mathrm{T}})^{-1}\boldsymbol{T} \tag{4-13}$$

式中，I 为对角矩阵；C 为惩罚系数；$\boldsymbol{H}\boldsymbol{H}^{\mathrm{T}}$ 为核函数映射的输入样本空间。

因此，能够得到 KELM 模型的输出为

$$f(\boldsymbol{x}) = h(\boldsymbol{x})\boldsymbol{H}^{\mathrm{T}}(I/C + \boldsymbol{H}\boldsymbol{H}^{\mathrm{T}})^{-1}\boldsymbol{T} = \begin{bmatrix} K(\boldsymbol{x}, \boldsymbol{x}_1) \\ \vdots \\ K(\boldsymbol{x}, \boldsymbol{x}_D) \end{bmatrix}^{\mathrm{T}} (I/C + \boldsymbol{\Omega}_{\mathrm{ELM}})^{-1}\boldsymbol{T} \tag{4-14}$$

KELM 模型的输出权值可以通过如下计算得到。

$$\boldsymbol{\beta} = (\boldsymbol{I}/C + \boldsymbol{\Omega}_{\mathrm{ELM}})^{-1}\boldsymbol{T} \tag{4-15}$$

通过上述核函数的使用,能够在网络计算的过程中无须要求隐含层节点数与样本数量相同,并且不用说明隐含层节点的特征映射函数,只需要提供核函数便可计算,这在很大程度上解决了 ELM 模型存在的复共线性问题。

4.3.3 非线性粒子群-核极限学习机

KELM 网络中的径向基核函数在计算过程中需要确定合适的参数因子 σ 和惩罚系数 C。如果仅通过人为设定和逐次尝试来确定 σ 和 C 的值,将会产生巨大的工作量,结果也很难保证是最优的。因此,本书提出采用非线性粒子群算法对 KELM 模型中的核函数参数进行寻优,以实现参数的最优和工作量的减少。

1) 粒子群算法

粒子群算法(PSO)是一种由飞禽类动物觅食行为演变而来的群体智能优化算法。在 PSO 中,每个粒子表示群体中可能存在的最优解,其中粒子位置、粒子更新速度和粒子适应度为 PSO 的核心参数。在计算过程中,粒子适应度用来判断粒子的优化程度,若未达到设定的最优化目标,则通过粒子更新的方式控制粒子的运动方向和距离。在迭代计算中,粒子根据上一步迭代的位置更新新的位置,最终迭代找到空间中最优的粒子位置,即最优核函数参数[4]。

在迭代计算的过程中,通过对粒子的适应度和极值进行不断地更新实现全局的寻优,即利用粒子的个体极值 p^{best} 与粒子群的全局极值 g^{best} 来迭代计算粒子的速度和位置,计算过程如下。

$$V_i(t+1) = \omega V_i(t) + c_1 r_1 [P_i^{\mathrm{best}}(t) - x_i(t)] + c_2 r_2 [P_g^{\mathrm{best}}(t) - x_i(t)] \tag{4-16}$$

$$x_i(t+1) = x_i(t) + \lambda V_i(t+1) \tag{4-17}$$

式中,ω 为惯性权重;t 为迭代次数;c_1 和 c_2 为不小于 0 的加速常数;r_1 和 r_2 为均匀分布随机数;λ 为收缩参数;函数 $V_i(t)$ 为第 i 个粒子处于第 t 次迭代时的速度;函数 $P_i^{\mathrm{best}}(t)$ 为第 i 个粒子的目前最优位置;$P_g^{\mathrm{best}}(t)$ 为全局的目前最优位置;$x_i(t)$ 为第 i 个粒子在第 t 次迭代的位置。

2) 非线性粒子群算法(NPSO)

通过上述的迭代计算,能够得到粒子的全局最优解。但是在迭代过程中惯性权重 ω 会影响算法的计算效果,传统的 PSO 是通过线性函数对 ω 进行计算的,这对于在个体与全局之间寻优的非线性问题具有较差的适应性,会降低 PSO 寻优结果的准确度。

因此,本书提出利用非线性函数对惯性权重 ω 进行计算,该方法能够根据 PSO 寻优的不同阶段改变其计算方式。PSO 在迭代初期的寻优范围较大,在迭代后期的寻优范围较小,引入非线性函数能够在迭代初期使 PSO 具有较强的全局寻优能力,而在迭代后期具有较强的局部寻优能力[5]。因此,通过引入非线性函数可更好地匹配全局寻优与局部寻优之间的关系,提高了 PSO 整体的寻优效果。PSO 中惯性权重 ω 的非线性迭代过程如下:

$$\omega(k) = \frac{\omega_{\text{initial}} - \omega_{\text{final}}}{k_{\max}^2}(k - k_{\max})^2 + \omega_{\text{final}} \qquad (4-18)$$

式中,ω_{initial} 为 ω 的初始值;ω_{final} 为 ω 的终止值;k 为迭代次数;$k_{\max}$ 为迭代次数的最大值;$\omega(k)$ 为第 k 次迭代时的 ω。

根据式(4-18),本书将 PSO 改进为 NPSO,该算法在拥有 PSO 优势的同时,还进一步提高了寻优算法的准确性和可靠性。因此,本书在进行局部放电定位的过程中,采用 NPSO 对 KELM 模型中参数因子 σ 和惩罚系数 C 进行寻优,最终得到局部放电光学指纹定位的最优定位模型。

4.4　局部放电光学指纹定位方法及实验验证

本节将首先详细介绍局部放电光学指纹定位方法的总体思路,包括如何通过光学仿真指纹库来模拟和识别局部放电的特征。其次,我们将探讨构建光学仿真指纹库的步骤,以及搭建局部放电定位实验平台的具体方法。最后,我们将概述实验流程,确保在实际应用中能够准确、高效地定位局部放电光源。这些内容为理解和实施局部放电光学定位提供了全面的指导。

4.4.1 局部放电光学指纹定位方法的总体思路

基于局部放电光学仿真指纹库和 NPSO - KELM 指纹识别算法,本书提出了一种应用荧光光纤检测的局部放电光学指纹定位方法。该方法首先通过局部放电光学仿真指纹库将 GIS 中任意位置发生局部放电时的光学位置信息进行采集,然后运用 NPSO - KELM 指纹识别算法将实际采集到的局部放电光学指纹与光学仿真指纹库中的指纹进行匹配,最终得到最为匹配的局部放电仿真指纹所对应的位置即为局部放电定位结果。

图 4 - 3 所示为局部放电光学指纹定位方法的总体思路,主要分为仿真指纹库建立和局部放电光源指纹匹配两个核心步骤,每个核心步骤的具体流程将在后续章节的实验验证中分别进行介绍。

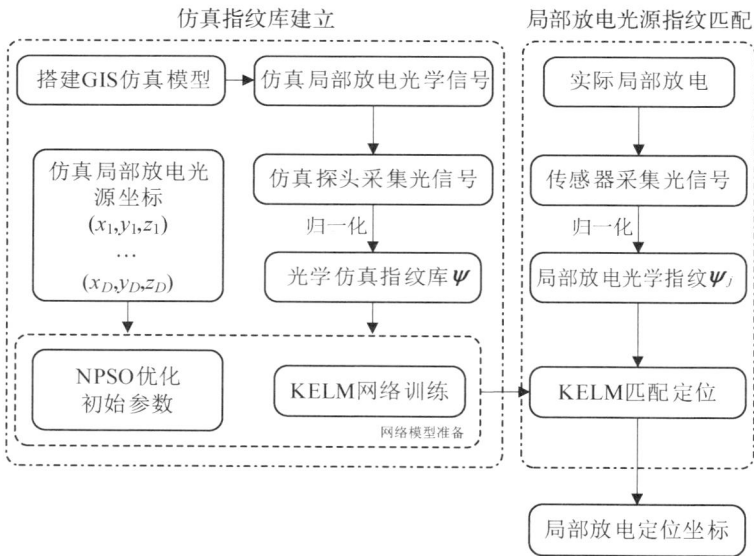

图 4 - 3 局部放电光学指纹定位方法总体思路

4.4.2 光学仿真指纹库的构建

根据 4.2 节介绍的局部放电光学仿真指纹库的构建原理,在与实际 GIS 实验罐体尺寸完全相同的 GIS 仿真模型中选取 N 个位置进行局部放电光学仿真,采用 9 个仿真探头对每个位置上的局部放电的光辐射强度进行检测,9 个仿真探头采集到的光辐射强度所形成的 9 维向量作为一个位置上的局部放电光学仿真指纹，将所有位置的局部放电光学仿真指纹聚合在一起形成用于定位的局部放电光学仿真指纹库。

在实际的仿真过程中，当 N 趋近于无穷大时才意味着局部放电光学仿真指纹库包含了 GIS 罐体中所有的位置。然而，在构建仿真指纹库的过程中不可能将局部放电仿真遍历 GIS 仿真罐体中的每个位置，这不仅会造成无限的工作量，而且也没有必要进行如此密集的局部放电仿真。针对这个问题，本书在构建仿真指纹库时，在模型中的密集地选取位置进行局部放电仿真，然后运用双调和样条插值拟合出模型插值点之间位置的局部放电光学指纹。

根据上述构建原理和模型结构，本书在 GIS 仿真模型中均匀地选择 27 个罐体横截面，每个横截面之间的垂直距离为 10 mm，再利用 12 条横截面的半径将每个横截面按照 30°等角度划分，最终在每条半径上距离圆心分别为 0 mm、24 mm、44 mm、64 mm、84 mm 的位置上进行局部放电光学仿真，具体仿真位置如图 4 - 4 所示。根据该仿真流程，本书在 GIS 仿真罐体中共计完成 27×12×5＝1 620 次局部放电光学仿真实验。

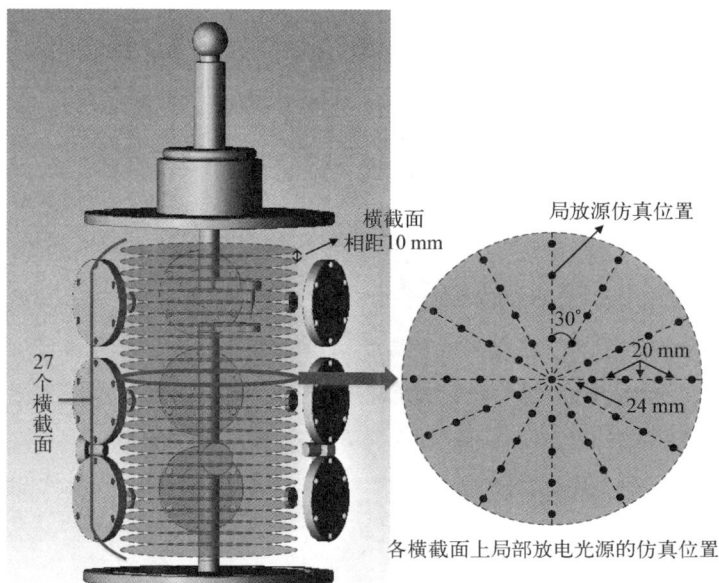

图 4 - 4　局部放电光学仿真位置

为了得到 GIS 实验罐体中其余位置的光学仿真信息，本书以这 1 620 个位置的光学仿真信息为插值点，运用双调和样条插值法拟合得到 GIS 实验罐体插值点之间位置的局部放电光学信息。其中，局部放电光学信息包括每个仿真探头采集到的 GIS 模型中每个位置发生局部放电时的光辐射强度，所以每个位置的光学仿真信息包括 9 个仿真探头的光辐射强度采集值，对 9 个仿真探头的采集值分别进行插值拟合，得到位置 j 发生局部放电时第 i 个仿真探头所采集的光辐射强度为 $\varphi_{i,j}(i=1,2,\cdots,9;j\rightarrow\infty)$，最终以 $\varphi_{i,j}$ 构成局部放电光学仿真指纹库。

由此，选取 9 个仿真探头中位于同一列上的 3 个仿真探头（即同一列的上部、中部和下部的仿真探头）对罐体中所有位置的光辐射采集强度为示意，图 4-5 表示模型中不同位置发生局部放电时每个仿真探头检测到的光辐射强度。由于罐体结构对称，其余两列仿真探头的光辐射采集强度分布与图 4-5 所示基本相似，因此本书仅选取一列作为典型示意。

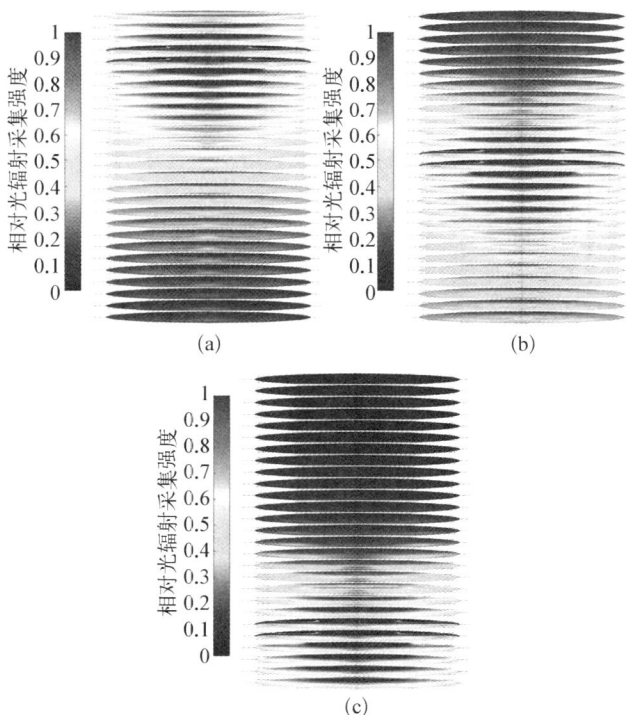

图 4-5 上部、中部、下部仿真探头的光辐射采集强度分布

（a）上部仿真探头；（b）中部仿真探头；（c）下部仿真探头

另外,为了分析仿真探头对不同横截面上局部放电光辐射的采集强度,图 4-6 展示了罐体上部的其中一个仿真探头对上述 27 个横截面的相对光辐射采集强度分布。从图中能够明显看出,由于局部放电光源与仿真探头的相对位置不同,并且存在内部结构的遮挡,从而使得仿真探头对不同位置局部放电光源的采集强度存在明显的差异,这也是通过多个仿真探头的光辐射采集强度能够确定局部放电光源位置的基本原理。

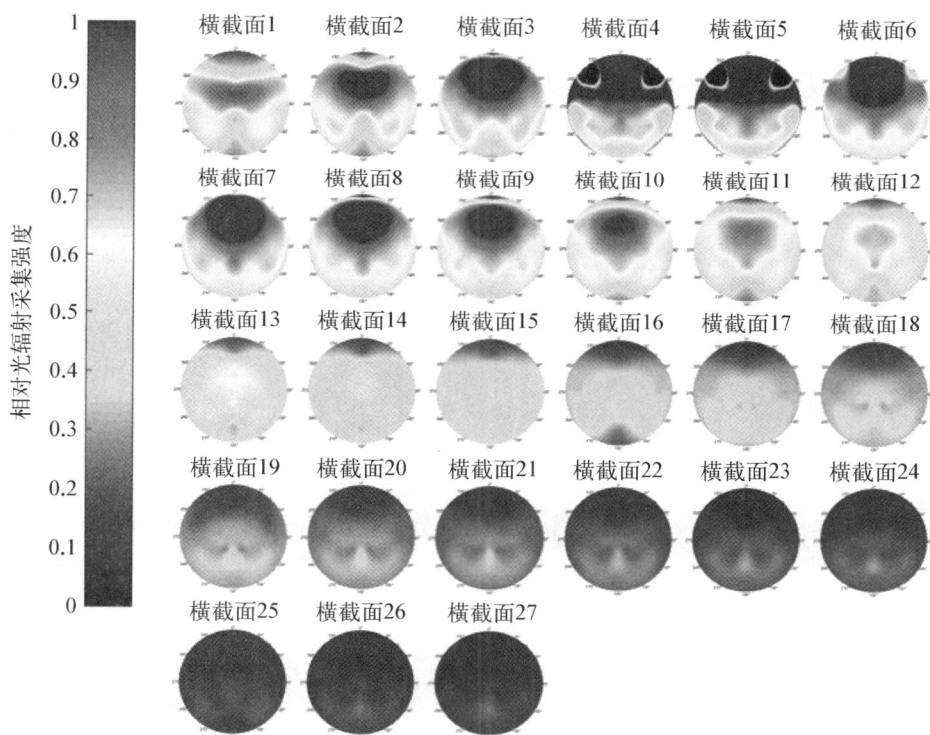

图 4-6 一个上部仿真探头对 27 个横截面的相对光辐射采集强度分布

然而,实际上进行局部放电定位的光学仿真指纹库不可能包括所有位置的局部放电光学指纹,因为这对于识别算法来说,样本数量过于庞大,所以导致无法进行有效的指纹匹配;而指纹数量过少的指纹库会导致指纹匹配偏差过大,降低定位精度。因此,本书在兼顾匹配效率和定位精度的前提下,对拟合得到的仿真指纹库 **Ψ** 进行均匀地取样,选择了 6 750 个位置所对应的局部放电光学仿真指纹来构成指纹库。然后对 6 750 个局放仿真指纹用式(4-3)进行归一化处理,得到最终用于局部放电定位的光学仿真指纹库 $\boldsymbol{\Psi}^{\mathrm{final}}$。

$\boldsymbol{\Psi}^{\mathrm{final}}$ 是一个 $(9 \times 6\,750)$ 维的向量,其列向量 $\boldsymbol{\Psi}_j^{\mathrm{final}} = [\varphi_{1,j}, \varphi_{2,j}, \cdots, \varphi_{9,j}]^{\mathrm{T}}(j=1, 2, \cdots, 6\,750)$ 表示归一化后的局部放电仿真指纹,以仿真指纹库 $\boldsymbol{\Psi}^{\mathrm{final}}$ 中的每一个局部放电仿真指纹作为 NPSO - KELM 网络的输入,每个仿真指纹对应的局部放电光源位置作为 NPSO - KELM 网络的输出,以此来训练 NPSO - KELM 网络,为之后的指纹匹配做好准备。

4.4.3　局部放电定位实验平台

为了进行局部放电光学定位实验验证,本书搭建了 GIS 局部放电光学定位实验平台,如图 4-7 所示。

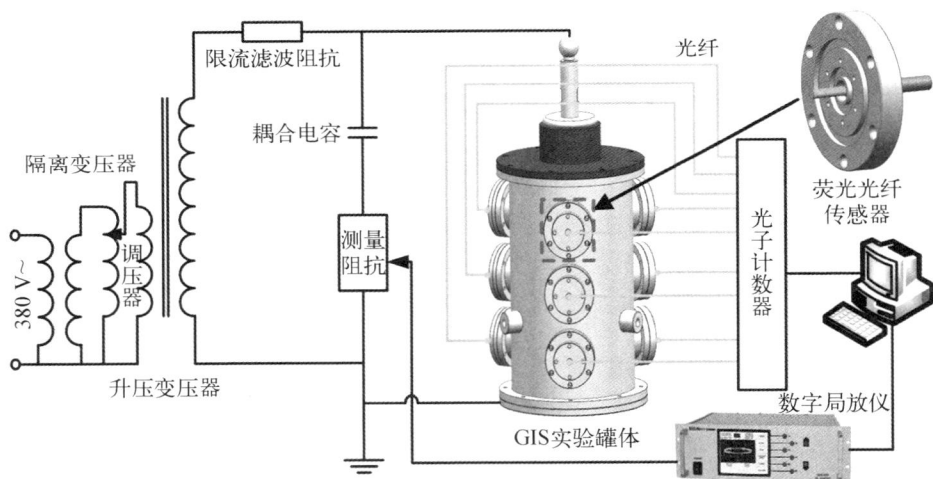

图 4-7　GIS 局部放电光学定位实验平台

实验平台中 GIS 实验罐体实物如图 4-8 所示,其具体尺寸与图 4-1 中的仿真模型尺寸完全相同,罐体气密性良好,且背景光噪声很小,材料为氧化铝。实验罐体中放置了与仿真模型相同的尖端缺陷模型进行局部放电。由于空间定位需要至少 3 个传感器来进行,并且考虑到对罐体上部、中部、下部以及罐体各角度的全面检测,本书在罐体上安装了 9 个完全相同的荧光光纤传感器,用于采集不同方位的局部放电光信号。虽然目前 GIS 气室上的盖板数量有限,但在未来制造新 GIS 时可提前预留光纤传感器位置,并根据光纤传感器的最大检测距离来布置传感器,使 GIS 气室的每个区域都同时被至少 3 个传感器的检测范围所覆盖。在荧光光纤传感器的输出端,采用金属铠甲包裹的传输光纤将采集到的局部放电光学信号传输至光子计数器。本书所用的光子计数器型号为 HAMAMATSU H11890‐21,实验过程中设置的采集门限时间为 1 000 ms。实验平台中的高压源为无晕高压源,加压范围为 0~150 kV。实验平台中的数字局部放电记录仪(哈弗莱 DDX 9121b)用于检测局部放电的发生,确保放电的准确性。

图 4‐8　GIS 实验罐体与传输光纤实物

4.4.4　实验流程

1) 选择局部放电缺陷位置

基于搭建的局部放电光学定位实验平台,在实验过程中通过改变缺陷的位置来实现罐体中不同位置的局部放电,在改变缺陷位置时始终保持缺陷的结构和尺寸不变。本书在罐体中随机选择了 30 个位置进行局部放电实验,所处位置基本覆盖了罐体的各个方位。

2) 实验环境

在每次进行局部放电时,首先对罐体进行抽真空处理,然后向罐体中充入 SF_6 气体至 0.2 MPa。由于气体类型对本书提出的定位方法影响不大,仅采用一种绝缘气体进行实验。之后再通过调压器缓慢调节电压,同时观察数字局部放电记录仪直至有稳定的局部放电发生,此时使用光子计数器分别记录着 9 个荧光光纤传感器上采集到的局部放电光学信号。

3) 数据采集与处理

在运用光子计数器进行数据采集时,为了降低局部放电随机波动产生的影响,避免偶发数据影响定位结果,针对每个位置的局部放电连续采集 60 个门限的光辐射强度值,最终取 60 个门限的平均值作为定位的指纹数据。然后,将 9 个荧光光纤传感器采集到的光辐射强度值进行归一化处理,得到 GIS 实验罐体中某一位置局部放电的光学指纹,可表示为 $\boldsymbol{\Psi}_j^{\text{detect}} = [\varphi_{1,j}^{\text{detect}}, \varphi_{2,j}^{\text{detect}}, \cdots,$ $\varphi_{i,j}^{\text{detect}}]^{\text{T}} (i = 1, 2, \cdots, 9; j = 1, 2, \cdots, 30)$。其中,$i$ 表示 9 个荧光光纤传感器;j 表示本书共采集了 30 个位置的局部放电光学指纹。

4)指纹匹配定位

针对匹配过程中的参数设定问题,NPSO 粒子群的大小设定为 25,初始位置为随机设定,惯性权重初始值为 0.9,惯性权重截止值为 0.4,加速参数为 $c_1 = 2$、$c_2 = 2$,迭代次数的上限为 200,粒子移动速度最高值为 0.2,NPSO 优化算法的适应度函数为 KELM 模型的验证集准确度。根据上述参数设置,经过 NPSO 优化后的 KELM 参数分别为 $\sigma = 0.152\,35$ 和 $C = 0.847\,65$。

根据上述的优化参数,本书利用仿真得到的局部放电光学仿真指纹库 $\boldsymbol{\Psi}^{\text{final}}$ 训练 KELM 模型,然后再运用经过 NPSO 优化后的核函数参数因子 σ 和惩罚系数 C 进行指纹匹配,将采集到的 30 个局部放电光学指纹 $\boldsymbol{\Psi}_j^{\text{detect}}$ 与局部放电光学仿真指纹库 $\boldsymbol{\Psi}^{\text{final}}$ 中的仿真指纹进行匹配,得到最为相似的仿真指纹,这个与检测指纹最为相似的仿真指纹对应的仿真局部放电光源位置即为局部放电定位结果。

4.5　局部放电定位结果分析

根据上述实验流程,本书得到了基于荧光光纤与光学仿真指纹的局部放电定位结果。为了进一步对比不同指纹识别算法对局部放电定位的影响,本书在指纹匹配阶段还运用了 KELM 指纹识别算法和神经网络(BPNN)指纹识别算法进行指纹匹配,对比了 3 种指纹识别算法的定位效果。另外,为了更细致地了解定位方法对不同方位上的定位效果,本书分析了局部放电定位在不同坐标轴上的定位误差。

4.5.1　不同指纹识别算法的定位结果

针对相同的局部放电光学仿真指纹库,本书采用不同的指纹识别算法(NPSO - KELM、KELM 和 BPNN)将检测指纹与仿真指纹进行匹配,最终得到的定位结果如表 4 - 1 所示。从表 4 - 1 可以看出,以 NPSO - KELM 指纹识别算法的平均定位误差最小,为 0.95 cm;以 BPNN 指纹识别算法的定位误差最大,为 3.83 cm。除此以外,运用 NPSO - KELM 指纹识别算法进行定位时,定位误差在小于 0.5 cm 和小于 1 cm 情况下的占比都优于其他两种算法,样本中的最大定位误差也仅为 1.79 cm,误差标准差也最小,这说明本书提出的局部放电定位方法不仅定位的精度高,而且定位结果波动范围小、性能稳定。

表 4-1　不同指纹识别算法的局部放电定位结果

指纹识别 算法类型	平均误差 /cm	误差<0.5 cm 的 百分比/%	误差<1 cm 的 百分比/%	最大误差 /cm	误差 标准差
NPSO - KELM	0.95	13.33	46.67	1.79	4.67
KELM	1.76	10.00	43.33	13.46	31.07
BPNN	3.83	0.00	6.67	7.10	16.97

为了更加直观详细地验证本书定位方法的有效性,本书从单次定位效果的角度随机选择了罐体中的 4 个局部放电位置进行说明(见表 4-2),其中径向距离定义为局部放电光源距离罐体轴线的垂直距离;高度定义为局部放电光源距离罐体顶面的垂直距离;角度定义为以其中一列荧光光纤传感器所在的角度为 0°,角度在罐体的俯视图中随逆时针旋转为 0°~360°,其余两列荧光光纤传感器的角度分别位于 120°和 240°。由于指纹库分辨率有限,目前指纹库中局部放电光学指纹所对应的角度都为整数。从表 4-2 能够更详细地看出本书定位方法的具体过程和结果。

表 4-2　4 个局部放电位置采用本书定位方法的定位结果

序号	实测位置			定位位置			定位误差 /cm
	径向距 离/cm	高度/cm	角度/°	径向距 离/cm	高度/cm	角度/°	
1	3.5	19.8	0	3.0	19.8	0	0.50
2	4.5	13.3	120	4.0	13.8	120	0.71
3	4.5	14.4	240	5.0	14.5	240	0.51
4	5.0	14.8	180	6.0	14.8	195	1.74

另外,本书还分析了 3 种指纹识别算法定位误差的积累密度函数(CDF),如图 4-9 所示。从图中可以看出,当 NPSO-KELM 和 KELM 指纹识别算法在定位误差小于 1.7 cm 时,积累密度函数曲线的趋势基本一致;在定位误差大于 1.7 cm 时,积累密度函数曲线出现了明显的偏差。这说明 KELM 指纹识别算法虽然能够在一定程度上实现小于 1.7 cm 的定位效果,但定位的稳定性较低。相比较而言,本书提出的定位方法稳定性较高。而 BPNN 指纹识别算法与其他两种算法的积累密度函数曲线差异十分明显,说明 BPNN 指纹识别算法在局部放电指纹定位方面的准确度和稳定性都不太理想。

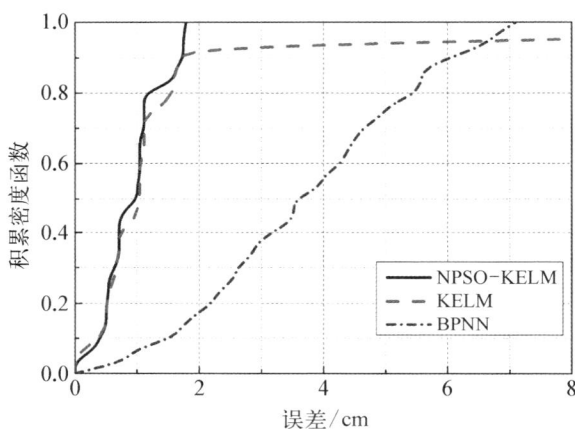

图 4-9 三种指纹识别算法定位误差的积累密度函数

4.5.2 不同方位上的定位结果

为了更好地分析本书提出的局部放电定位方法对不同方位上的定位能力,本书对定位结果在空间坐标轴(x 轴、y 轴和 z 轴)方向上的定位误差进行了分析,如图 4-10 所示。其中,x 轴和 y 轴所在的平面为罐体的横截面,z 轴为罐体的轴线。

可从图 4-10 看出,本书提出的定位方法对局部放电光源在 z 轴方向上的定位误差最小,且误差的极值差异也最小,说明该定位方法对局部放电光源在 z 轴方向上的定位能力最强,也有助于在检修过程中确定局部放电光源在 GIS 沿轴线方向的位置。因为 x 轴和 y 轴都处于 GIS 实验罐体的横截面上,所以 x 轴和 y 轴上的定位误差分布可以视为该定位方法对 GIS 罐体

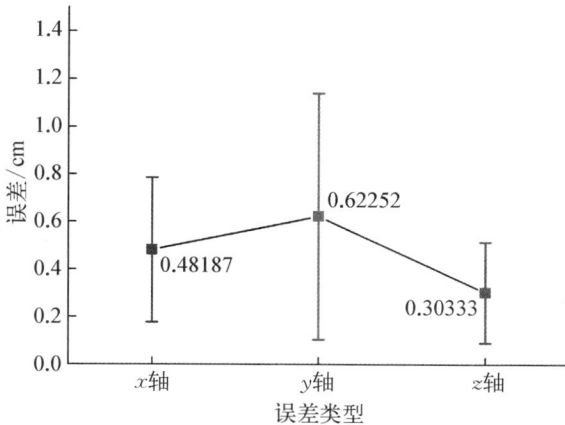

图 4 - 10　*x* 轴、*y* 轴和 *z* 轴方向上的定位误差

横截面上局部放电光源的定位能力,相比于沿轴线方向的定位能力,对 GIS 罐体横截面上的定位能力稍有降低。在实际的 GIS 局部放电定位检测过程中,缩小局部放电光源沿 GIS 罐体轴线方向上的定位区域更加有利于缺陷的排查,因此本书提出的定位方法的定位能力能够有效适应 GIS 局部放电定位。

4.5.3　定位方法总结分析

本章提出了一种基于荧光光纤和光学仿真指纹的局部放电定位方法,该方法首先搭建 GIS 光学仿真模型,通过仿真模型进行局部放电光学仿真实验得到局部放电光学仿真指纹库;其次,运用多个安装于 GIS 罐体上的荧光光纤传感器采集实际局部放电光学指纹;最后,利用提出的 NPSO - KELM 指纹识别算法将实际指纹与指纹库中的仿真指纹进行匹配,得到最为相似的仿真指纹所对应的局部放电仿真光源的空间位置,即为最终的定位结果。本章具体内容总结如下。

(1) 建立 GIS 局部放电光学仿真模型。我们利用 Tracepro 软件搭建与实验局部放电罐体尺寸完全相同的仿真模型,并尽可能根据实际情况在仿真模型中设置局部放电光源、罐体材料和内容结构等参数,为进行局部放电光学仿真提供模型基础。

（2）提出局部放电光学仿真指纹库的构建原理。我们基于建立的局部放电光学仿真模型，通过将局部放电光学仿真数据与双调和样条插值相结合，拟合得到仿真指纹位置覆盖更全面的局部放电光学仿真指纹库，然后以适当的分辨率选择有限个数的仿真指纹构建最终用于定位的局部放电光学仿真指纹库。

（3）提出 NPSO-KELM 指纹识别算法。我们运用 NPSO 优化 KELM 模型中的核函数参数因子和惩罚系数，使得 KELM 模型在指纹匹配过程中的性能更加稳定，有效提高了定位精度。

（4）搭建局部放电光学定位实验平台。我们首先在实验室设计制造了 GIS 局部放电实验罐体，并在罐体上安装了 9 个荧光光纤传感器用于检测局部放电光学信号；其次通过传输光纤和光子计数器将光学信号进行传输和采集，形成实际局部放电指纹；最后利用 NPSO-KELM 指纹识别算法将实际局部放电指纹与光学仿真指纹库中的指纹进行匹配，得到局部放电定位结果。

（5）分析总结本书提出的局部放电定位方法的定位能力和结果。我们通过实验验证得到本书提出的定位方法能够达到平均 0.95 cm 的定位精度，且定位误差的波动性较小，与 KELM 和 BPNN 指纹识别算法相比，定位更加精确，性能更加稳定。同时，通过分析本书方法的定位误差在不同方位上的分布情况，发现本书方法在沿 GIS 罐体轴线方向的定位能力比沿罐体横截面上的定位能力更加出色，有利于适应现场实际 GIS 局部放电光源的检测排查，具有较好的应用前景。

参考文献

［1］ Xu Y，Yong Q，Sheng G，et al. Simulation analysis on the propagation of the optical partial discharge signal in I-shaped and L-shaped GILs［J］. IEEE Transactions on Dielectrics and Electrical Insulation，2018，25(4)：1421－1428.

［2］ Huang G B，Zhu Q Y，Siew C K. Extreme learning machine：Theory and applications［J］. Neurocomputing，2006，70(1/3)：489－501.

［3］ Huang G B. An insight into extreme learning machines：Random neurons，random features and kernels［J］. Cognitive Computation，2014，6(3)：376－390.

［4］ Kennedy J，Eberhart R C. Particle swarm optimization［C］//Proceedings of IEEE International Conference on Neural Networks Ⅳ，1995，4：1942 -1948.

［5］ 臧奕茗,王辉,钱勇,等.基于三维光学指纹和 NPSO - KELM 的 GIL 局部放电定位方法［J］.中国电机工程学报,2020，40(20)：6754 - 6764.

第5章

基于双空间分辨率指纹库的局部放电光学改进定位技术

　　针对第 4 章提出的局部放电光学指纹定位方法,虽然其具有较高的定位精度,并且通过局部放电仿真解决了现场获取指纹库困难的问题。但是,当待定位区域为大尺寸 GIS 间隔或长距离 GIS 气室时,为了保证定位精度不下降,且仿真指纹库中指纹的空间分辨率保持在较高的水平,就会使仿真指纹库中所包含的局部放电指纹数量出现激增,从而导致定位过程中的指纹匹配计算量巨大,严重影响定位效率。因此,本章提出了一种基于双空间分辨率指纹库的局部放电光学改进定位方法,该方法首先运用自然邻近插值算法对仿真指纹库进行扩充,然后采用两种空间分辨率的指纹库进行两级定位。其中,先运用覆盖设备所有区域的低空间分辨率指纹库进行第一级"粗定位",在"粗定位"缩小后的区域内再使用高空间分辨率指纹库进行第二级"细定位",从而避免每次定位都需要对指纹库进行全局匹配,大幅度降低了指纹定位过程中的计算量,提高了定位效率。

5.1　局部放电光学仿真及光辐射分布

　　本章提出的局部放电光学仿真模型的结构、仿真光源和模型材料的参数设置都与第 4 章相同,如图 5-1 所示。图中展示了仿真模型和对应的实物,并对 9 个荧光光纤传感器进行了编号,该编号在本章中也适用于仿真探头。

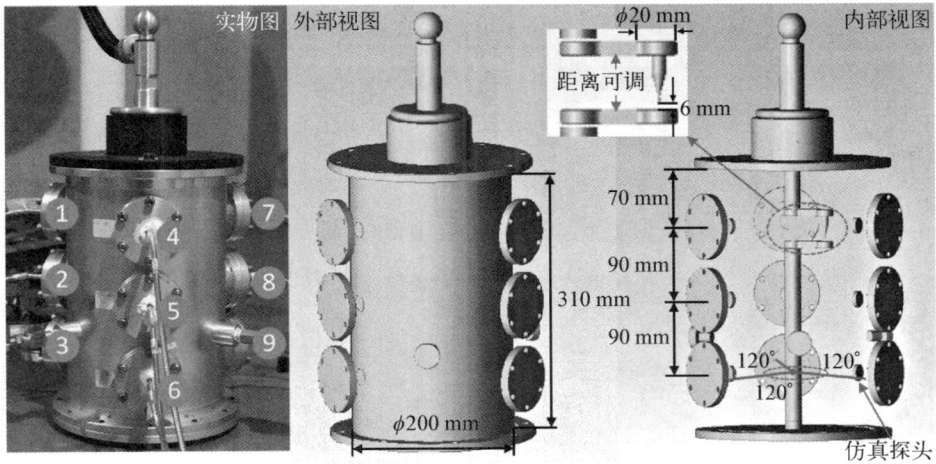

图 5 - 1　局部放电光学仿真模型与实物

为了掌握局部放电光信号在罐体中的基本分布规律,更加直观地了解局部放电光学信号的传播,本书基于上述局部放电光学仿真模型在 GIS 模型随机选取其中一个位置进行局部放电光学仿真,得到该局部放电光源位置下的局部放电光辐射体分布和光辐射面分布,分别如图 5 - 2 和图 5 - 3 所示。

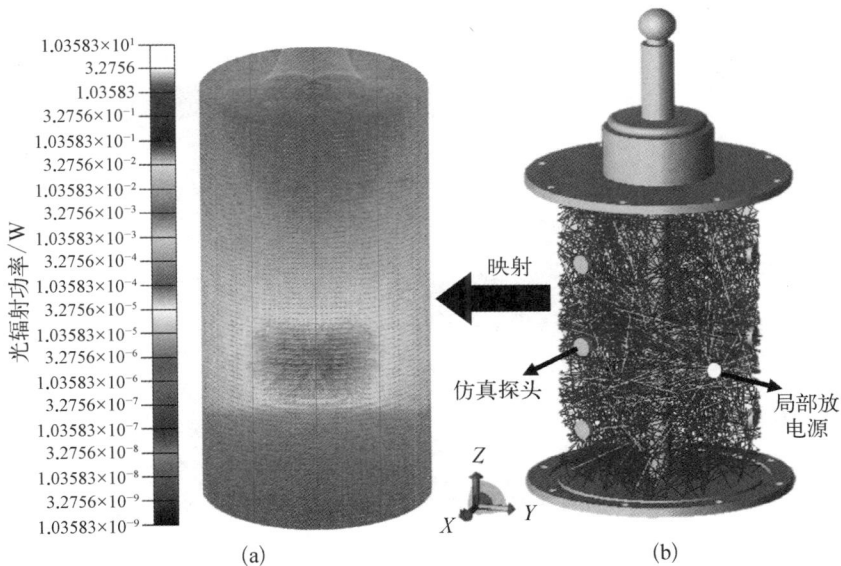

图 5 - 2　局部放电光辐射体分布

(a) 局部放电光辐射体分布;(b) 局部放电光信号追迹

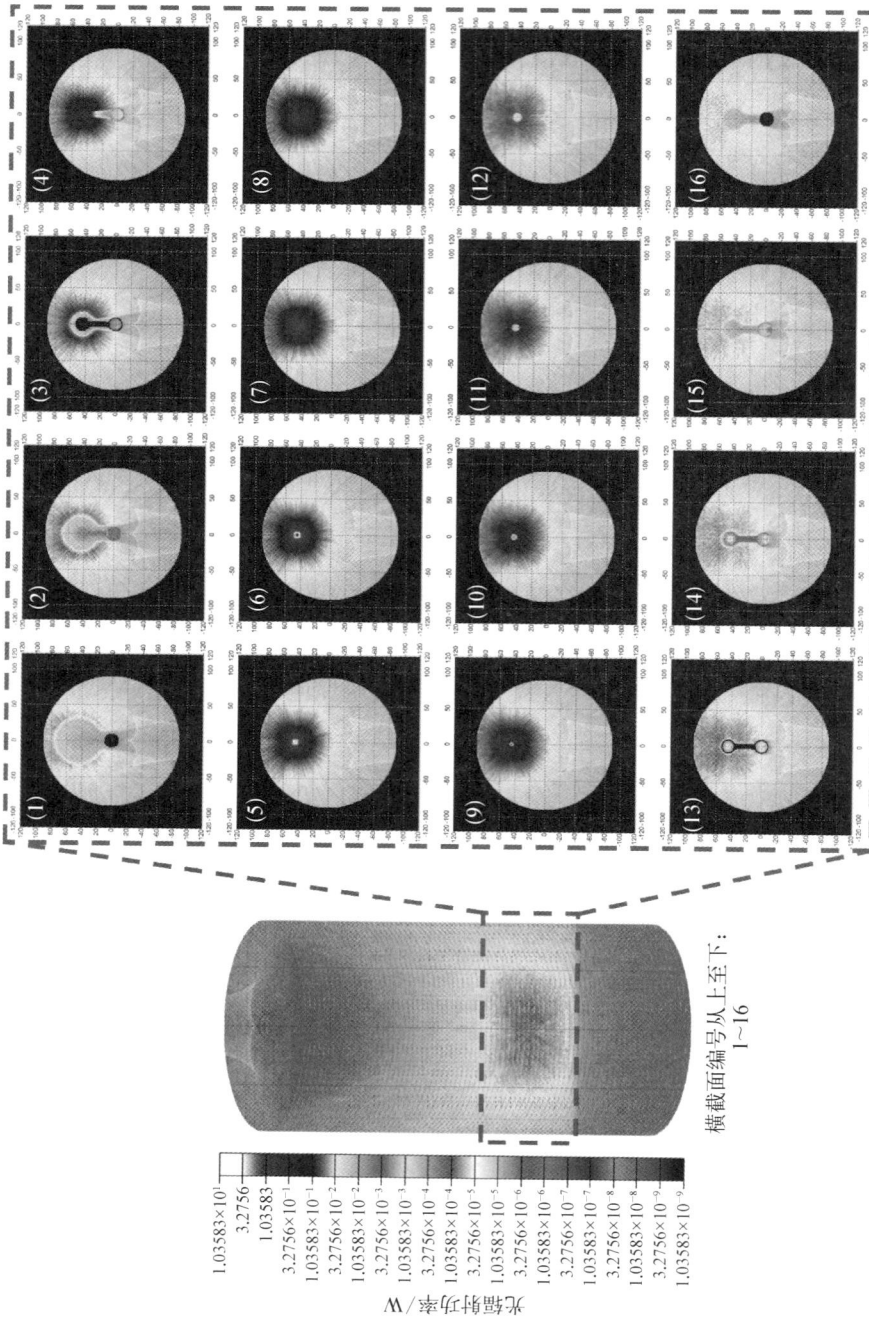

图 5 - 3 局部放电光辐射面分布

注：1～16 号横截面的局部放电光辐射变化图的横坐标代表 X 轴方向的刻度距离，纵坐标代表 Y 轴方向的刻度距离。

横截面编号从上至下：1～16

光辐射功率/W

1.03583×10⁻¹
3.2756
1.03583
3.2756×10⁻¹
1.03583×10⁻²
3.2756×10⁻²
1.03583×10⁻³
3.2756×10⁻³
1.03583×10⁻⁴
3.2756×10⁻⁴
1.03583×10⁻⁵
3.2756×10⁻⁵
1.03583×10⁻⁶
3.2756×10⁻⁶
1.03583×10⁻⁷
3.2756×10⁻⁷
1.03583×10⁻⁸
3.2756×10⁻⁸
1.03583×10⁻⁹
3.2756×10⁻⁹

从图 5-2 可见,局部放电光辐射体分布光辐射功率在局部放电光源附近有明显的升高,随着距离渐远,光辐射功率的体分布逐渐降低,并趋于均匀。同时也能够发现,当局部放电光源的光功率设置为 100 W、光线数量设置为 2.5×10^5 条时,光线能够辐射至整个模型。

在图 5-3 中,选取局部放电体分布中光源附近变化较为明显的 16 个罐体横截面,更加细致地研究局部放电光辐射在横截面上的变化分布。选定区域的横截面从上至下依次编号为 1~16,能够看出在缺陷的上下导杆部分由于光线无法透射,光辐射功率显示为黑色,即基本没有光辐射功率;而在针尖的光源区域,光辐射功率分布呈白色,即光辐射功率最大。在针尖与地电极板之间,由于上下导杆没有连通,整个横截面上都有光辐射功率分布,不存在黑色的无辐射区域。同时,从 1~4 号、13 号和 16 号截面上的光辐射功率分布能够明显地看出尖端缺陷的外轮廓,说明不同位置的光辐射功率能够有效刻画物体的结构,也为光学指纹定位提供更直观的解释。

5.2　基于差值主成分特征的局部放电指纹

为了使局部放电光学指纹能够包含更加丰富的定位特征信息,减少冗余特征信息对定位的影响,本节提出一种基于差值主成分特征的局部放电指纹构造方法,先通过将不同传感器的局部放电光强采集值相减,再通过主成分分析法提取局部放电所有光强差值的主成分特征作为局部放电光学指纹,比直接使用传感器的光强采集值作为指纹更能体现不同位置的光学差异特征。

5.2.1　主成分分析法

主成分分析法(PCA)是一种有效的特征提取并降维的算法,该算法通过将一组可能相关的特征向量变换为一组特征变量相互独立的向量,能够在考虑特征重要性的同时,实现特征的降维,有效提升特征的质量[1]。PCA 的基本原理可概括为以下 4 个步骤。

(1) 原始特征向量标准化。为了使原始特征向量中各特征之间的量纲和数量级保持一致,在进行 PCA 之前需要对原始特征向量进行标准化处理。假设原

始特征向量中包含 m 个特征，分别表示为 X_1，X_2，$\cdots$，X_m。当样本数量为 N 时，能够通过矩阵表示为

$$\boldsymbol{X}_{N\times m} = \begin{bmatrix} x_{11} & \cdots & x_{1m} \\ \vdots & & \vdots \\ x_{N1} & \cdots & x_{Nm} \end{bmatrix} \tag{5-1}$$

由此，将原始特征向量标准化转换生成标准矩阵 $\boldsymbol{x}^*$：

$$x_{ij}^* = (x_{ij} - \overline{x_j})/s_j (i=1,2,\cdots,N; j=1,2,\cdots,m) \tag{5-2}$$

式中，$\overline{x_j}$ 和 s_j 分别表示原始特征值的均值和方差。

（2）构建相关矩阵 $\boldsymbol{R}$。计算相关矩阵的特征值和特征向量：

$$\boldsymbol{R} = \boldsymbol{X}^{*\mathrm{T}} \boldsymbol{X}^* /(N-1) \tag{5-3}$$

式中，$\boldsymbol{X}^*$ 表示标准化矩阵。

根据式（5-3）能够计算出相关矩阵 $\boldsymbol{R}$ 的特征值 $\lambda_1 \geqslant \lambda_2 \geqslant \cdots \geqslant \lambda_m$ 及对应的特征向量 u_1，u_2，$\cdots$，u_m。

（3）确定主成分数量。特征值的方差贡献率计算如下：

$$\eta_i = 100\% \lambda_i / \sum_i^m \lambda_i \tag{5-4}$$

特征值的累计方差贡献率计算如下：

$$\eta_{\sum(p)} = \sum_i^p \eta_i \tag{5-5}$$

根据累计方差贡献率的大小确定主成分的个数。例如，当确定累计方差贡献率大于 P 时有 p 个主成分，则前 p 个主成分所对应的特征向量就作为 PCA 后的新的特征向量。

（4）确定主成分矩阵。p 个主成分所对应的特征向量可表示为

$$\boldsymbol{U}_{m\times p} = [u_1, u_2, \cdots, u_p] \tag{5-6}$$

可以得到 n 个样本经过 PCA 后的特征矩阵为

$$\boldsymbol{Z}_{N\times p} = \boldsymbol{X}_{N\times m}^* \boldsymbol{U}_{m\times p} \tag{5-7}$$

5.2.2　局部放电差值主成分特征指纹

为了更加细致、全面地表征光学传感器采集到的局部放电指纹,本书提出将局部放电差值主成分特征指纹作为本章局部放电定位的指纹形式,并通过该指纹构建局部放电光学指纹库。差值主成分特征指纹不同于第 4 章所采用的直接由光学传感器采集到的光强值所构成的指纹,它是先将每个光学传感器采集到的光强值依次相互做差,再通过 PCA 对做差后得到的所有特征值进行降维,最后形成差值主成分特征指纹。以仿真模型所用的局部放电光学仿真指纹为例,其数学描述如下。

在光学仿真模型中的 N 个位置进行局部放电光学仿真实验,记为 $L_j(j=1,2,\cdots,N)$。在每次仿真实验中有 M 个用于采集局部放电光辐射强度的仿真探头,记为 $S_i(i=1,2,\cdots,M)$。当局部放电仿真光源位于 L_j 时,仿真探头 S_i 采集到的光辐射强度记为 $\varphi'_{i,j}$。为了突出局部放电信号在仿真探头之间的光辐射强度差异,降低不同位置光信号强度的波动所带来的不利影响,本书将归一化和 PCA 后的特征作为定位所采用的局部放电差值主成分特征指纹。

首先,将每个仿真探头的光强采集值相减,得

$$D = \frac{M!}{(M-2)! \times 2!} \tag{5-8}$$

$$\delta'_{h,N} = \varphi'_{a,j} - \varphi'_{b,j}, \ s.t. \begin{cases} h=1,2,\cdots,D \\ a < b \\ a,b \in Z \\ a,b \in [1,M] \end{cases} \tag{5-9}$$

式中,D 表示将所有仿真探头光强采集值依次相减后得到的特征维数;$\varphi'_{a,j}$ 和 $\varphi'_{b,j}$ 表示不同仿真探头 a 和 b 对处于第 j 个位置时的光强采集值;δ' 表示两个仿真探头光强采集值之间的差值。

其次,对同一个局部放电光源的所有 δ' 进行归一化处理,归一化区间为 $[-1,1]$,归一化原则为

$$\delta_{h,j} = \frac{2 \times [\delta'_{h,j} - \min(\delta'_{1,j}, \delta'_{2,j}, \cdots, \delta'_{D,j})]}{\max(\delta'_{1,j}, \delta'_{2,j}, \cdots, \delta'_{D,j}) - \min(\delta'_{1,j}, \delta'_{2,j}, \cdots, \delta'_{D,j})} - 1$$

$$\tag{5-10}$$

式中,$\delta_{h,j}$ 表示归一化后的值。

然后,通过 PCA 提取 N 个特征向量 $[\delta_{1,j}, \delta_{2,j}, \cdots, \delta_{D,j}]^{\mathrm{T}}$ 的前 P 个主成分,由此得到 N 个局部放电差值主成分特征指纹 $\boldsymbol{\Psi}_j = [\varphi_{1,j}, \varphi_{2,j}, \cdots, \varphi_{P,j}]^{\mathrm{T}}$,$P$ 表示指纹经过 PCA 后的特征维数($P < D$)。

最后,所有 N 个位置的局部放电差值主成分特征指纹构成局部放电仿真指纹库:

$$\boldsymbol{\Psi}_{\mathrm{PCA}} = \begin{bmatrix} \varphi_{1,1} & \varphi_{1,2} & \cdots & \varphi_{1,N} \\ \varphi_{2,1} & \varphi_{2,2} & \cdots & \varphi_{2,N} \\ \vdots & \vdots & & \vdots \\ \varphi_{P,1} & \varphi_{P,2} & \cdots & \varphi_{P,N} \end{bmatrix} \tag{5-11}$$

因此,在指纹库中,每个差值主成分特征指纹都包含了一个与局部放电光源位置相关的特征信息,将所有通过仿真得到的指纹聚合在一起形成局部放电光学仿真指纹库,为后文指纹库的进一步扩充奠定数据基础。

5.3 基于自然邻近插值的光学仿真指纹库扩充方法

为了达到更高的定位精度,局部放电仿真指纹库中指纹的空间分辨率需要尽可能的提高,但是仅通过手动逐次在仿真模型中进行局部放电光学实验是有局限性的。实际的 GIS 罐体尺寸较大、结构复杂,考虑到仿真时间和效率,很难通过手动逐次仿真来遍历获得设备中每个位置的局部放电光学指纹。因此,本书提出了一种基于自然邻近差值的局部放电仿真指纹库扩充方法来解决仿真光源位置有限的问题,扩大了仿真指纹库中指纹样本的规模,提高了定位的范围和精度。

5.3.1 自然邻近插值原理

1)自然邻近坐标

自然邻域的概念是基于 Voronoi 镶嵌(VT)和 Delaunay 三角剖分(DT)所提出的,其中 Delaunay 图与 Voronoi 图是相伴而生的[2]。虽然本书所解决的是空间指纹的三维坐标的插值拟合问题，但是自然邻近插值（NNI）在二维空间和三维空间的插值拟合原理是相同的，不同的是从二维的平面图形变换成三维的 Voronoi 多面体和 Delaunay 四面体。因此，本书采用更加直观的二维理论对 NNI 的工作原理进行解释。

在 NNI 算法中，散点集的 VT 和 DT 是相对应的，VT 将平面（或空间）划分为一组不相交的多边形（或多面体），称为胞元。每个胞元 T_i 都包括散点集中的一个给定的点 x_i，T_i 表示比散点集中的任何其他点都更靠近点 x_i 的区域（或体积），数学表示为

$$T_i = \{x \in R^2 \mid d(x, x_i) \leqslant d(x, x_j) \forall j = 1, \cdots, n\} \quad (5-12)$$

式中，$d(x, x_i)$ 表示点 x 与点 x_i 之间的 Euclidean 距离，如果 x_i 和 x_j 有一个共同的边界或者接触点，则称这两点为自然邻域。

根据上述过程，在进行 NNI 算法之前，对给定的散点集进行 VT 和 DT 构建是必要的预处理步骤。

2）自然邻近插值

基于上述 VT 和 DT 的构建，自然邻域的概念可适用于新插入的点 x，该点不存在于事先给定的散点集中。新插入的点 x 通过"窃取"现有的周围自然邻域区域（或体积）来创建一个新的胞元[3]，如图 5-4 所示。

在图 5-4 中，粗实线表示插入点 x 后的胞元，虚点线表示插入点 x 之前的旧胞元边界。图中与 VT 相关联的 DT 用虚划线表示，其中胞元的边界是三角形边界的垂直平分线。因此，新插入点的胞元定义为

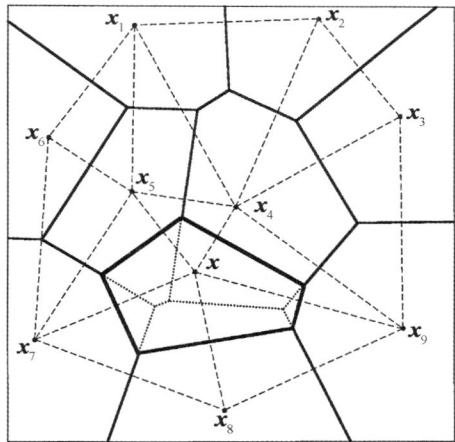

图 5-4　新插入点 x 时的 Voronoi 图和 Delaunay 三角剖分

$$T(x) = \{z \in R^2 \mid d(z, x_i) \leqslant d(z, x_j) \forall j = 1, \cdots, n\} \quad (5-13)$$

同时，新胞元和旧胞元的交点为

$$T_i(x) = T(x) \bigcap T_i \quad (5-14)$$

因此,通过 $S(T)$ 表示胞元 T 的面积,NNI 算法在点 $\boldsymbol{x}$ 处可以定位为

$$f(\boldsymbol{x}) = \sum_i h_i(\boldsymbol{x}) z_i \qquad (5-15)$$

$$h_i(\boldsymbol{x}) = \frac{S[T_i(\boldsymbol{x})]}{S[T(\boldsymbol{x})]} \quad \left(0 \leqslant h_i(\boldsymbol{x}) \leqslant 1, \ \sum_i h_i(\boldsymbol{x}) = 1\right) \qquad (5-16)$$

通过式(5-15)可知,NNI 是插值点 $\boldsymbol{x}$ 自然邻域的加权平均值。然而,式(5-15)只是 C^0 连续,而在 NNI 的过程中需要使散点集中的每个点都为 C^1 连续。因此,本书将梯度 $\nabla z(\boldsymbol{x})$ 表示为点 $\boldsymbol{x}_i$ 的函数 $z(\boldsymbol{x})$,并将式(5-15)中的 z_i 替换为一阶多项式 $g_i(\boldsymbol{x})$,得

$$g_i(\boldsymbol{x}) = z_i + \nabla z(\boldsymbol{x}_i)^{\mathrm{T}} (\boldsymbol{x} - \boldsymbol{x}_i) \qquad (5-17)$$

如式(5-17)所示,当使用自然邻域的权重时将 z_i 的值和所对应的梯度相结合,可以通过如下计算得到 NNI 的值。

$$f(\boldsymbol{x}) = \sum_i w_i(\boldsymbol{x}) g_i(\boldsymbol{x}) = \sum_i \frac{h_i(\boldsymbol{x}) d(\boldsymbol{x}, \boldsymbol{x}_i)^{-1}}{\sum_i h_i(\boldsymbol{x}) d(\boldsymbol{x}, \boldsymbol{x}_i)^{-1}} g_i(\boldsymbol{x}) \qquad (5-18)$$

$$w_i(\boldsymbol{x}) = \sum_i \frac{h_i(\boldsymbol{x}) d(\boldsymbol{x}, \boldsymbol{x}_i)^{-1}}{\sum_i h_i(\boldsymbol{x}) d(\boldsymbol{x}, \boldsymbol{x}_i)^{-1}} \qquad (5-19)$$

由此可知,NNI 是一种基于区域加权的插值拟合方法,NNI 会根据数据密度的变化进行补偿,而不仅仅是对数据的距离信息敏感,这优于仅通过距离进行插值拟合的方法。

5.3.2 局部放电仿真指纹库的扩充

通过 NNI 算法将手动仿真构建的局部放电光学仿真指纹库 $\boldsymbol{\Psi}_{\mathrm{origin}}$ 进行扩充,得到扩充后的光学仿真指纹库 $\boldsymbol{\Psi}_{\mathrm{NNI}}$,$\boldsymbol{\Psi}_{\mathrm{NNI}}$ 包括了 GIS 模型中所有位置发生局部放电所对应的光学指纹。手动仿真构建的局部放电光学仿真指纹库 $\boldsymbol{\Psi}_{\mathrm{origin}}$ 表示如下:

$$\boldsymbol{\Psi}_{\mathrm{origin}} = \begin{bmatrix} \varphi_{1,1} & \varphi_{1,2} & \cdots & \varphi_{1,N} \\ \varphi_{2,1} & \varphi_{2,2} & \cdots & \varphi_{2,N} \\ \vdots & \vdots & & \vdots \\ \varphi_{M,1} & \varphi_{M,2} & \cdots & \varphi_{M,N} \end{bmatrix} \qquad (5-20)$$

式中,M 表示仿真探头的数量;N 表示手动进行局部放电光学仿真的位置数量。

因此,以式(5-20)为依据,在进行指纹库扩充时将每一个仿真探头对所有位置的光强采集值分别进行 NNI 扩充,即对 $\boldsymbol{\Psi}_{\text{origin}}$ 的行向量 $\boldsymbol{\Psi}_{\text{origin}} = [\varphi_{1,1},$ $\varphi_{1,2},\cdots,\varphi_{1,N}]$ 进行 NNI 扩充,得到每个仿真探头对 GIS 模型中所有位置的光强采集值。再利用所有仿真探头 NNI 扩充后的光强采集值构建光学仿真指纹库为 $\boldsymbol{\Psi}_{\text{NNI}}$。在实际进行局部放电定位时,根据定位精度需求确定局部放电仿真指纹的空间分辨率,然后根据指纹的空间分辨率需求对 NNI 扩充后的光学仿真指纹库 $\boldsymbol{\Psi}_{\text{NNI}}$ 进行均匀采样,形成最终用于局部放电定位的光学仿真指纹库 $\boldsymbol{\Psi}_{\text{final}}$。

5.4　双空间分辨率光学仿真指纹库的构建

考虑到 GIS 体积较大,导致指纹库包含的局部放电仿真指纹增多。另外,虽然 NNI 扩充后的指纹库提高了局部放电仿真指纹库中指纹的空间分辨率,但在一定程度上也增加了指纹库中指纹的数量。这些因素叠加会使局部放电仿真指纹库中指纹数量大幅增加,进而导致指纹匹配定位过程中的计算量陡增,严重影响定位效率。因此,本章提出了一种运用纠错输出编码-多层感知机-支持向量机(ECOC - MLP - SVM)算法和双空间分辨率光学指纹库的定位方法。该方法首先基于低空间分辨率指纹库采用 ECOC - MLP 算法进行"粗定位",获得局部放电光源的所处的大致区域,从而缩小仿真指纹库所包含的指纹数量;其次基于高空间分辨率指纹库采用 SVM 算法进行"细定位";最后在设备的小范围区域内确定局部放电光源的最终位置。该方法避免了在定位过程中对整个设备的仿真指纹库进行全局匹配,降低了定位计算量,提高了定位效率。

5.4.1　低空间分辨率仿真指纹库的构建与定位

1)"粗定位"原理

本书提出的基于 ECOC - MLP 算法的低空间分辨率指纹库是在设备进行局部放电"粗定位"时采用的一种局部放电指纹定位方法。该指纹库是对整个设备的 NNI 扩充仿真指纹库 $\boldsymbol{\Psi}_{\text{NNI}}$ 进行较为稀疏地采样所获得的,其指纹的空间分辨率较低,意味着指纹库中指纹的数量会相对减少,从而能够减轻"粗定位"过程中定位算法的计算负担,实现局部放电光源的预定位。

虽然在"粗定位"中仿真指纹在指纹库中的空间分辨率相对较低,但由于设备尺寸较大,且指纹的空间分辨率不能过分稀疏,在低空间分辨率指纹库中仍然包含较大数量的仿真指纹。为了简化算法在"粗定位"过程中的指纹匹配复杂度,本书采用 ECOC - MLP 算法将指纹匹配过程中的多分类问题转化为多个二分类问题,避免了定位匹配过程中可能出现的维数灾难。

2) 基于 ECOC - MLP 算法的"粗定位"

ECOC - MLP 算法主要包括两个阶段:训练阶段和测试阶段。

在训练阶段,本书定义了一个 $C \times b$ 的代码矩阵,其中 C 表示类别的数量,每个类标签由编码矩阵的行进行编码。利用训练样本对编码矩阵的每个基分类器进行训练,得到输出节点数为 b 的分类器。

在测试阶段,将一个导入的测试样本 x 应用于已经训练好的分类器中,创建一个输出向量:

$$y = [y_1, y_2, \cdots, y_b]^T \tag{5-21}$$

式中,$y_j (j = 1, 2, \cdots, b)$ 表示第 j 个节点的输出。

对于每一种类别,ECOC 计算输出向量与每个类别标签之间的距离表示为

$$L_i = \sum_{j=1}^{b} |Z_{ij} - y_j| \tag{5-22}$$

式中,Z_{ij} 表示编码矩阵中第 i 行、第 j 列的值。

因此,测试样本 x 的解码规则为

$$i = \text{ArgMin}(L_i) \tag{5-23}$$

利用上述解码规则,本书利用 MLP 学习网络将编码矩阵中每个码字的计算转化为 MLP 网络权值的学习过程,这更加适合于 ECOC 方法[4]。

在构建 MLP 网络的过程中,引入权值 ω 反映每个输出向量中误差所带来的影响。当目标码字上的误差较大时,通过调整权值 ω 使得每个输出节点产生的误差对训练代价函数的影响也较大。这样能够有效地更新网络的权值参数,减少训练网络对总码字的误差。因此,本书将权值与最小化平方误差代价函数

的 MLP 训练形式相结合,得到修改后的代价函数 F:

$$F(w) = \frac{1}{N} \sum_{i=1}^{N} \omega_i \left[y(w, u_i) - d_i \right]^2 \qquad (5-24)$$

式中,ω_i 表示第 i 个样本产生的误差权重;u_i 表示输入向量;d_i 表示期望的网络输出;$y(w, u_i)$ 表示第 i 个训练向量的实际网络输出。

由此得到目标码字中第 i 个样本产生的总误差之和:

$$\omega_i = \sum_{j=1}^{b} \left[y_{ij}(w, u_i) - d_{ij} \right]^2 \qquad (5-25)$$

式中,j 表示输出节点的个数;b 表示码字的长度。

通过 ECOC - MLP 算法对低空间分辨率仿真指纹库进行局部放电"粗定位",得到局部放电光源的大致区域,从而确定了下一阶段局部放电光源"细定位"的小范围区域。

5.4.2　高空间分辨率仿真指纹库的构建与定位

1)"细定位"原理

根据"粗定位"得到局部放电光源的大致范围,构建小范围区域的局部放电光学仿真指纹库。由于该指纹库覆盖范围缩小,大幅度减少了原指纹库中指纹的数量,从而降低了指纹匹配过程中的计算量。多出的这部分计算裕量能够用于对更高空间分辨率指纹库进行指纹匹配,进而提高在小范围内的局部放电精度。因此,本节提出运用 SVM 算法对高空间分辨率仿真指纹库进行局部放电定位的思路,即"细定位"。虽然"细定位"的仿真指纹库的指纹空间分辨率高,但覆盖范围小,因此该指纹库中包含的指纹数量会远少于"粗定位"采用的低空间分辨率仿真指纹库,从而避免了算力的浪费,实现高效率的局部放电定位。

本书以 GIS 中的母线段结构为例进行说明(见图 5 - 5):首先以"粗定位"定位结果所在的横截面为中心,向设备两端等距离延伸一定的区域来作为"细定位"的定位范围(该距离根据设备的尺寸和结构来确定),然后针对该局部区域的 NNI 扩充仿真指纹库 $\mathbf{\Psi}_{NNI}$ 进行更密集地采样,从而构成用于"细定位"的高空间分辨率仿真指纹库,最终采用 SVM 算法在高空间分辨率仿真指纹库中进行指纹匹配定位。

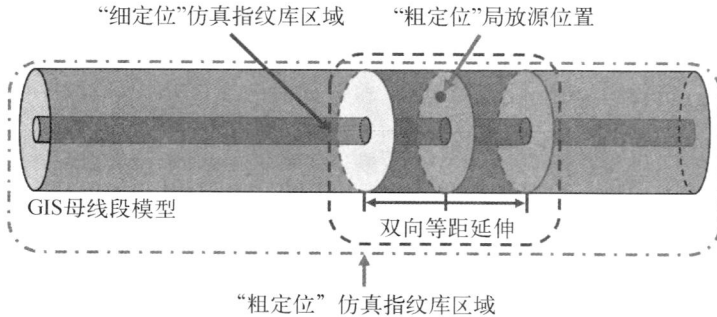

图 5‑5　基于双空间分辨率光学仿真指纹库的局部放电定位示意

2）基于 SVM 算法的"细定位"

SVM 算法因其良好的泛化能力而受到广泛关注,并已成功应用于许多分类任务中。SVM 算法首先将非线性分离的样本映射到更高维空间(可能是无限的),然后用最大边缘法找到分离的超平面。在映射后的高维空间中,支持向量机最大化从超平面到最近训练样本的最小距离[5]。

SVM 算法在计算过程中将置信度和经验风险降到最低,使它在小样本的情况下能够取得较好的分类效果,但在样本数量较大的情况下会存在维数灾难。对于小范围的高空间分辨率指纹库,其包含的指纹数量有限,因此本书使用 SVM 算法将实际检测到的局部放电光学指纹与高空间分辨率指纹库中的仿真指纹进行匹配,得到最终的局部放电光源定位结果。

SVM 算法的匹配函数为

$$f(x) = \mathrm{sgn}\Big[\sum_{i=1}^{n}\lambda_i y_i K(x_i, x) + b\Big] \ (i=1, 2, \cdots, n) \qquad (5\text{-}26)$$

式中,n 表示训练样本的数量;λ 表示拉格朗日乘子;y_i 表示 x_i 的标签;b 表示偏置阈值;$K(x_i, x)$ 表示内积核函数。

在本书中,使用径向基函数作为 SVM 的核函数:

$$K(x_i, x_j) = \exp\Big(\frac{-\parallel x_i - x_j \parallel^2}{2\sigma^2}\Big) \qquad (5\text{-}27)$$

式中,σ 表示核函数参数。

由此,根据 SVM 算法的"细定位"结果确定最终局部放电光源的位置。

5.5　局部放电的光学改进定位方法及实验验证

本节首先介绍了改进定位方法的总体思路,包括如何利用(NNI)技术扩充仿真指纹库,以增强数据的多样性和覆盖范围。然后,我们详细描述了局部放电定位实验平台的搭建和实验过程,确保方法的可行性和有效性。最后,我们通过对改进定位方法的结果进行深入分析,验证其在提高局部放电检测精度方面的实际效果。这些研究为局部放电的精确定位提供了新的技术途径。

5.5.1　定位方法总体思路

本书提出的基于双空间分辨率指纹库的局部放电改进定位方法主要包括两个部分,分别为光学指纹检测阶段和光学指纹定位阶段,其定位的总体过程如图5-6所示。首先,通过 GIS 局部放电光学仿真模型仿真得到未扩充的仿真指纹

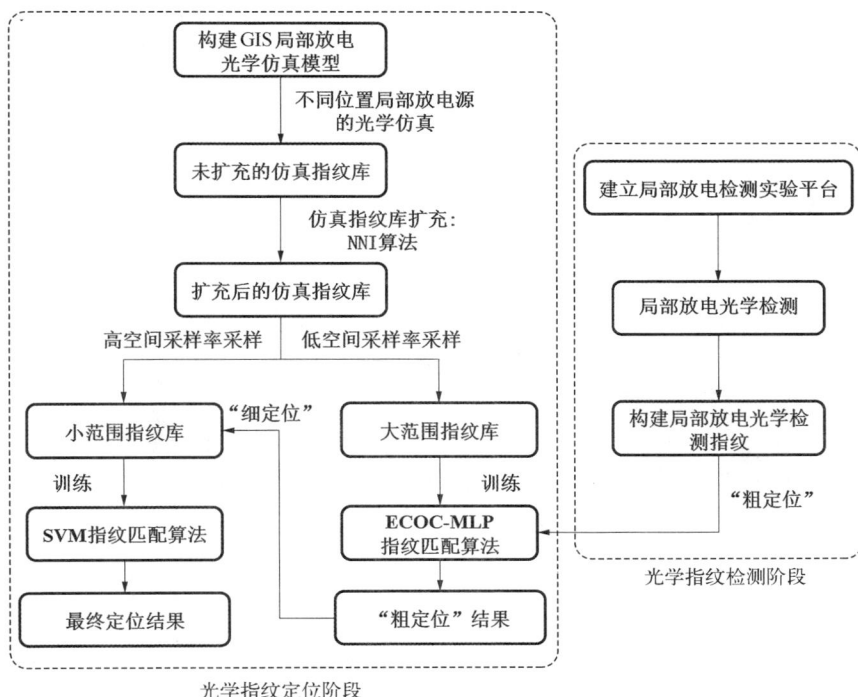

图 5-6　基于双空间分辨率指纹库的局部放电定位流程

113

库。其次,通过 NNI 算法将仿真指纹库扩充为包含 GIS 中任意位置的仿真指纹库。再次,运用低采样率对扩充后的指纹库进行采样,得到用于"粗定位"的低空间分辨率指纹库,同时运用 ECOC‐MLP 算法将荧光光纤采集到的实际光学局放指纹与低空间分辨率指纹库进行匹配,得到局部放电光源的大致定位区域。最后,对大致定位区域内的扩充仿真指纹库进行高采样率采样,得到高空间分辨率指纹库,再运用 SVM 算法将荧光光纤采集得到的实际光学局放指纹与高空间分辨率指纹库进行匹配,确定局部放电光源的最终定位结果。

5.5.2 NNI 扩充的仿真指纹库

在进行局部放电定位之前,需要构建局部放电光学仿真指纹库来为定位提供指纹匹配基础。为了构建局部放电光学仿真指纹库,本书在 GIS 仿真模型中选择了 1 620 个均匀分布的位置进行局部放电光学仿真实验,在实验过程中利用 9 个仿真探头采集每个局部放电仿真源的光辐射强度。

手动进行局部放电光学仿真实验的位置有限,由此构建的局部放电仿真指纹库的指纹空间分辨率较低,严重影响定位精度。因此,为了进一步提高定位精度,基于手动逐次仿真构建的仿真库,本书采用 NNI 算法将指纹库进行扩展,得到覆盖 GIS 模型中所有位置的局部放电扩充仿真指纹库,以安装在罐体上一列的 3 个仿真探头为例(见图 5‐1 中 1 号、2 号和 3 号位置),每个仿真探头对 GIS 模型中所有位置的光强采集分布如图 5‐7~图 5‐9 所示,其他仿

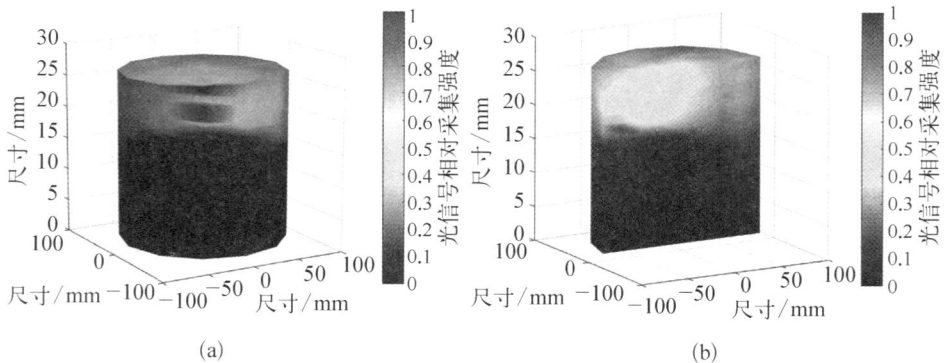

(a)   (b)

图 5‐7   NNI 扩充后 GIS 模型中 1 号仿真探头的光强采集值空间分布

(a) 整体模型;(b) 剖面模型

注:图中的尺寸表示一个相对的概念,不是实际物理世界的尺寸。

真探头的光强采集值分布仅为角度不同,在此不全部展示。针对图 5-7~图 5-9 中的光强采集值空间分布,其含义为经过 NNI 扩展后 GIS 仿真模型中任意位置发生局部放电时,仿真探头接收到的光信号辐射强度,以空间上的相对光辐射强度表示。在此基础上,将 9 个仿真探头经 NNI 扩充后的光强采集值进行聚合,形成一个扩展的局部放电光学仿真指纹库,然后根据"粗定位"和"细定位"对指纹库空间分辨率的需求,采用不同的采样率对 NNI 扩展后的指纹库进行采样,最终获得双空间分辨率指纹库用于局部放电定位。

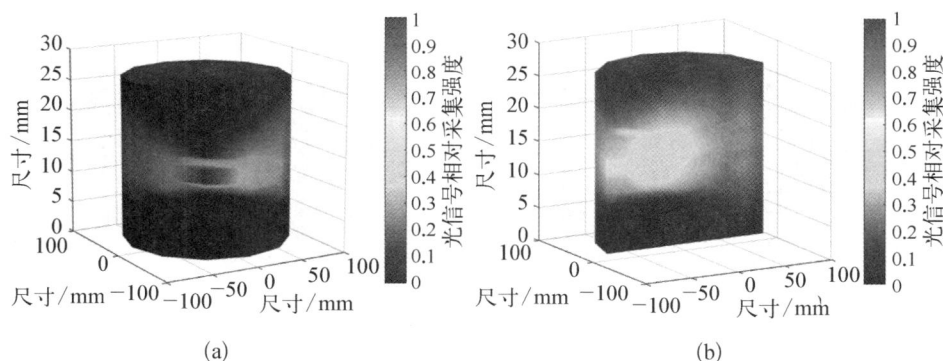

图 5-8　NNI 扩充后 GIS 模型中 2 号仿真探头的光强采集值空间分布

(a)整体模型;(b)剖面模型

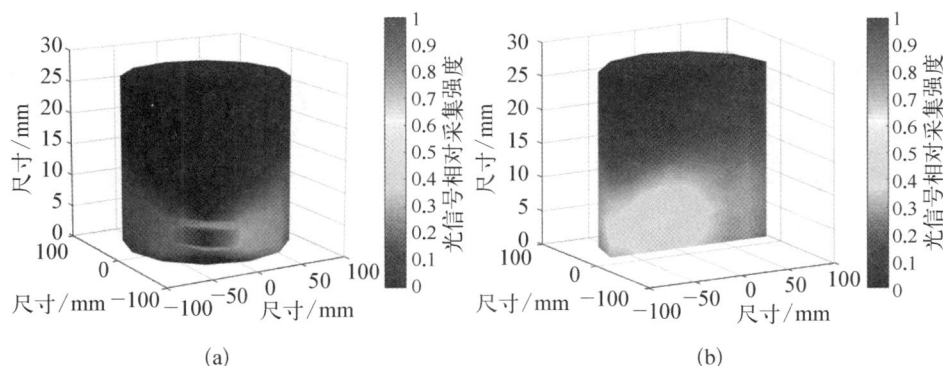

图 5-9　NNI 扩充后 GIS 模型中 3 号仿真探头的光强采集值空间分布

(a)整体模型;(b)剖面模型

5.5.3 局部放电定位实验平台及过程

为了验证本节局部放电改进定位方法的有效性,我们在搭建的局部放电光学定位实验平台上进行实验验证,如图 5 - 10 所示。该实验平台与第 4 章所介绍的基于荧光光纤的局部放电检测平台相同,主要由 9 个相同的荧光光纤传感器、光子计数器、GIS 实验罐体和无晕高压源等部分构成,各设备的参数和实验环境与第 4 章中的实验平台相同。

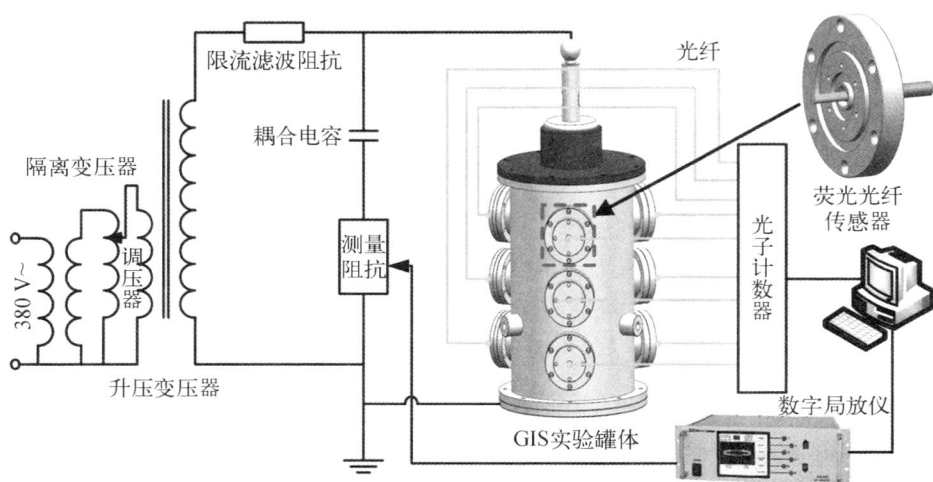

图 5 - 10　局部放电光学定位实验平台

基于上述实验平台,本书在 GIS 实验罐体中选择了 18 个相对分散的位置进行局部放电光学实验,这些局部放电光源的位置基本分布在 GIS 实验罐体的各个典型位置,能够确保实验的合理性。在实验过程中,对 GIS 实验罐体缓慢施加电压,直至出现稳定的局部放电信号,然后采用荧光光纤传感器和光子计数器对每个位置的局部放电光学信号进行采集。由于局部放电的光子数量与光信号强度成正比,本书利用光子计数器采集到的光子数量来表示局部放电的光辐照强度[6]。为了减少局部放电信号波动给检测带来的不利影响,本书首先对每个局部放电光源连续采集 60 个门限的光子数,每个门限的采集时间为 1 000 ms。然后,选取 60 个门限采集光子数的平均值作为传感器的检测值。最后,根据传感器的光强检测值构成用于定位的差值主成分特征指纹。

基于构建的 NNI 扩充仿真指纹库和检测得到的差值主成分特征指纹,开展局部放电指纹匹配定位实验。

首先,采用较低的采样率对 NNI 扩充指纹库进行均匀采样,获得用于"粗定位"的低空间分辨率的仿真指纹库,该低空间分辨率仿真指纹库包含 1 600 个局部放电仿真指纹,指纹的空间分辨率为 6 086.84 mm³/个。低空间分辨率指纹库采用 ECOC - MLP 算法定位得到局部放电的大致区域,其中 ECOC 编码矩阵设置为一对多模式,MLP 网络的隐含层节点数为 50,MLP 网络的学习速率设置为0.005。

其次,根据 GIS 实验罐体的尺寸,以每次局部放电"粗定位"位置所在横截面为中心向两侧等距延伸 10 mm,形成一个高度为 20 mm 的圆柱形区域,该区域为局部放电"细定位"的仿真指纹库范围。针对该小范围区域的 NNI 扩充仿真指纹库,采用高采样率均匀采样,以获得高空间分辨率的仿真指纹库。每个高空间分辨率仿真指纹库包括 722 个指纹,指纹的空间分辨率为 870.25 mm³/个。

最后,采用 SVM 算法将检测指纹与高空间分辨率指纹库进行匹配识别,确定局部放电光源的最终空间位置。

5.6　局部放电改进定位方法的结果分析

根据上述实验流程,得到 18 个局部放电光源的定位误差,如图 5 - 11 所示。本章提出的局部放电改进定位方法的平均定位误差为 9.7 mm,其中55.56% 的局部放电定位误差小于 10 mm,只有 11.11% 的局部放电定位误差大于 15 mm。

此外,在保证最终用于定位的仿真指纹库空间分辨率相同的情况下,我们比较了采用单一空间分辨率和双空间分辨率仿真指纹库所需要的指纹计算量和定位所需时间,如表 5 - 1 所示。基于双空间分辨率仿真指纹库的定位方法能够在保证定位精度的同时大幅度降低定位过程中的计算量,并显著缩短定位所需的时间。

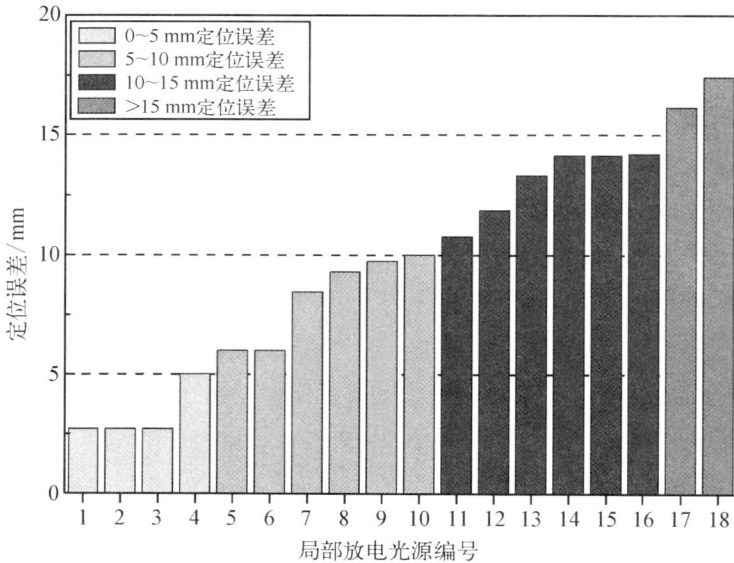

图 5‑11　局部放电定位误差

表 5‑1　不同定位方法的比较

定 位 方 法	指纹计算量/个	定位所需时间/s
单一空间分辨率仿真指纹库	11 552	1 744.8
双空间分辨率仿真指纹库	2 322	154.6

　　综上所述,本章提出的基于双空间分辨率指纹库的局部放电改进定位方法,先利用 ECOC‑MLP 算法和低空间分辨率指纹库进行局部放电光源的"粗定位",再利用 SVM 算法和高空间分辨率指纹库进行局部放电光源的"细定位",实现了在保证局部放电光源定位精度的同时减少定位过程的计算量,提高了定位效率。本章具体内容总结如下。

　　(1) 建立局部放电光学仿真模型。我们利用 Tracepro 仿真软件搭建与实际 GIS 罐体相同的仿真模型,为构建局部放电光学仿真指纹库提供模型基础。

　　(2) 提出一种基于差值主成分特征的局部放电指纹形式。我们先通过计算每两个光学传感器之间的光强采集值的差值,再利用 PCA 算法对局部放电光强采集值的差值提取主成分特征,最终构成一种包含更丰富位置信息的新型局部放电指纹形式。

（3）提出一种基于自然邻近差值（NNI）的仿真指纹库扩充方法。我们运用 NNI 算法将通过手动仿真获得的局部放电指纹库进行扩充，使得原本无法覆盖 GIS 模型所有区域的仿真指纹库能够覆盖 GIS 模型的所有位置，获得包含 GIS 模型所有位置的局部放电光学仿真扩充指纹库。

（4）构建双空间分辨率光学仿真指纹库。我们首先通过低空间分辨率仿真指纹库和 ECOC‑MLP 算法对局部放电光源进行"粗定位"；然后通过高空间分辨率仿真指纹库和 SVM 算法对局部放电光源进行"细定位"；最终通过低/高空间分辨率仿真指纹库的先后配合使用，避免了对高空间分辨率的 GIS 全局指纹库进行定位，降低了局部放电指纹定位过程中的总体计算量。

（5）提出一种局部放电的光学改进定位方法并进行实验验证。我们首先基于局部放电仿真模型采集 GIS 模型不同位置的局部放电光辐射强度仿真信号，采用差值主成分特征指纹构建局部放电仿真指纹库；然后通过 NNI 算法将局部放电仿真指纹库进行扩充，构建双空间分辨率光学仿真指纹库；最后将局部放电检测指纹分别与低/高空间分辨率指纹库中的仿真指纹进行匹配，获得局部放电光源定位结果。根据实验结果表明，该定位方法的平均定位精度为 9.7 mm，且其定位所需时间仅为使用单一空间分辨率指纹库时的 10% 左右，在保证定位精度的同时提高了定位效率。

参考文献

［1］ 周松林,茆美琴,苏建徽.基于主成分分析与人工神经网络的风电功率预测 ［J］.电网技术,2011,35(9)：128‑132.

［2］ 武晓波,王世新,肖春生.Delaunay 三角网的生成算法研究［J］.测绘学报, 1999,28(1)：30‑37.

［3］ Amidror I. Scattered data interpolation methods for electronic imaging systems：a survey［J］. Journal of Electronic Imaging，2002，11（2）：157‑176.

［4］ Hatami N，Ebrahimpour R，Ghaderi R. ECOC-based training of neural networks for face recognition［C］//Proceedings of the IEEE Conference on Cybernetics and Intelligent Systems，2008：450‑454.

［5］ Yu S，Li X，Zhang X，et al. The OCS-SVM：An objective-cost-sensitive SVM with sample-based misclassification cost invariance[J]. IEEE Access，2019，7：118931 - 118942.

［6］ Cheung J Y，Chunnilall C J，Porrovecchio G，et al. Low optical power reference detector implemented in the validation of two independent techniques for calibrating photon-counting detectors[J]. Optics Express，2011，19(21)：20347 - 20363.

第 **6** 章

基于 NSCT 光电图谱融合的 局部放电模式识别技术

GIS 局部放电检测中单一局部放电检测图谱的特征信息可能存在丢失的现象，会影响局部放电模式识别的效果。因此，本书提出了一种基于非下采样 Contourlet 变换（NSCT）光电图谱融合的局部放电模式识别方法，通过 NSCT 图像融合算法将局部放电的光学 PRPD 图谱和特高频 PRPD 图谱相融合得到光电融合 PRPD 图谱，再利用 3 种模式识别算法对光电融合 PRPD 图谱进行模式识别验证。该方法弥补了光学局部放电图谱和特高频局部放电图谱中特征信息缺失的问题，形成信息综合利用，避免了单一检测方式会出现局部放电特征信息缺失的问题，提高了局部放电模式识别的准确率。

6.1 局部放电光电信号

进行局部放电模式识别的前提是信号的采集。局部放电光学检测和特高频检测是目前 GIS 的两种有效的检测方法[1]，这两种方法在检测过程中首先都是采集局部放电的时域信号，然后将时域信号转化为可供模式识别使用的相位信号。本节介绍了光学和特高频局部放电信号形式，以及这两种检测方法的差异。

从这两种方法的局部放电检测结果中发现，局部放电的光学和特高频信号存在一定差异。这两种方法对不同缺陷的局部放电都存在不同程度上的信号丢失现象，分别体现为时域信号缺失和相位信号缺失，这会导致模式识别中特征信息减少，影响模式识别的效果。本节以局部放电数字检测仪的检测信号为基准，对比了不同检测方法在时域和相位上的信号差异。

6.1.1　时域信号

　　图 6‐1 和图 6‐2 分别介绍了在相同的局部放电情况下,特高频检测方法和光学检测方法对不同缺陷的局部放电检测存在一定的时域信号缺失问题。其中,特高频检测对尖端缺陷出现漏检现象,而光学检测对微粒缺陷出现漏检现象。在确定是否存在信号缺失的过程中,将局部放电检测仪的输出作为标准信号,将其余两种检测方法的输出作为对比信号,从而确认信号缺失是与检测方法和缺陷类型相关,而不是受外界信号干扰。

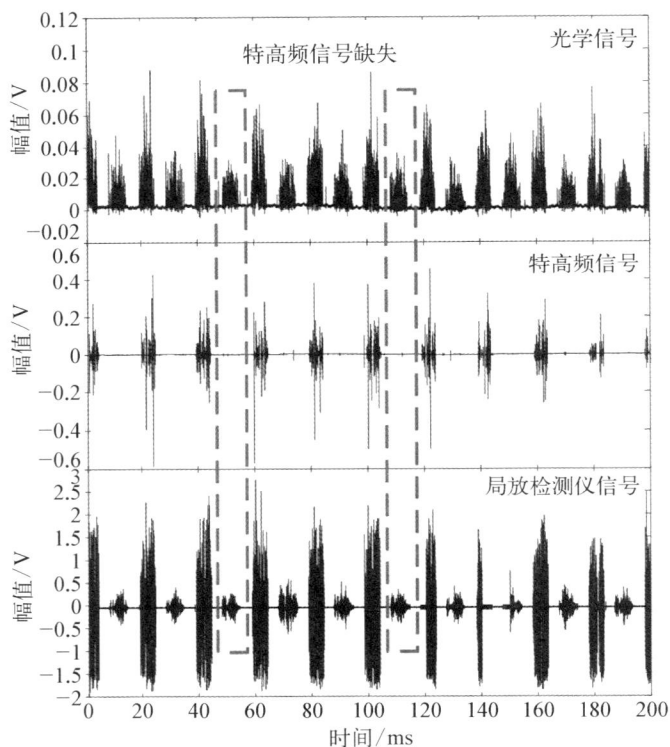

图 6‐1　尖端缺陷局部放电的特高频检测信号缺失现象

　　对于特高频检测,由于受传感器动态响应、环境噪声和特高频信号衰减的影响,会削弱特高频检测的有效性,在一些情况下局部放电检测会出现信号缺失的现象。

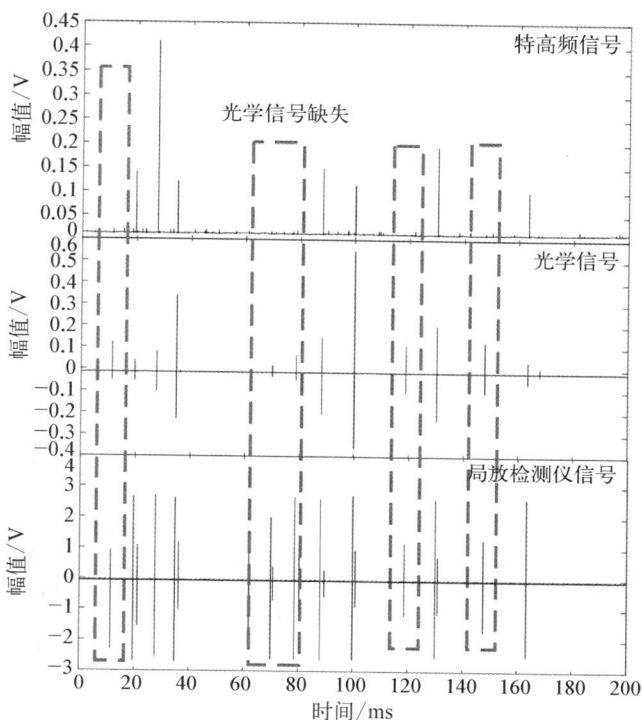

图 6-2　微粒缺陷局部放电的光学检测信号缺失现象

针对基于荧光光纤的光学检测,其检测对象为局部放电的光辐射信号。但是光辐射信号需要在 GIS 中经过一系列的反射和传播才能被光学传感器检测到,设备部件遮挡、反射的损耗和气体的吸收等因素都会导致一部分光辐射信号衰减,从而使检测到的光辐射信号出现一定程度的缺失。例如,图 6-2 为微粒缺陷产生局部放电时的时域信号,可以看出光学信号出现了一定的缺失现象,这可能是由运动微粒在与电极接触放电时光信号被微粒本身或者电极遮挡导致的部分光学信号无法传播。

6.1.2　相位信号

为了更好地表征局部放电的特征信息,本节从二维 PRPD 图谱的角度分析局部放电检测中可能存在的信号缺失现象。二维 PRPD 图谱为一种 φ-u 二维局部放电图谱,其中 φ 表示放电信号的工频相位,u 表示局部放电的强度,PRPD 图谱通过颜色的深浅来判断放电密度的大小。每个 PRPD 图谱包含 50 个工频周期的局部放电信号,从而保证相位信号的缺失不是偶发现象。下面我们将相同电压下的尖端缺陷、悬浮缺陷和微粒缺陷的光学与特高频 PRPD 图谱进行分析,对比说明相位信号的缺失现象。

图 6-3 所示为这两种检测方法下的尖端缺陷 PRPD 图谱。光学 PRPD 图谱中局部放电信号在工频的正半周期和负半周期都有分布,且大多分布在工频电压的峰值附近;而特高频 PRPD 图谱中信号仅分布在工频正半周期,在工频负半周期基本完全缺失。这说明在某些情况下,可能由于特高频信号传播衰减等因素,使得特高频检测效果低于光学检测,最终表现为特高频 PRPD 图谱的特征信息出现明显缺失。

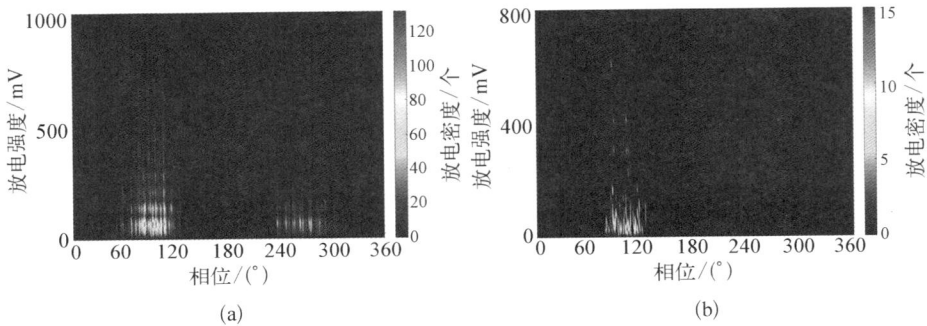

(a)　　　　　　　　　　　　(b)

图 6-3　两种检测方法下的尖端缺陷 PRPD 图谱

(a) 光学检测;(b) 特高频检测

图 6-4 所示为这两种检测方法下的悬浮缺陷 PRPD 图谱。光学 PRPD 图谱和特高频 PRPD 图谱在相位上的分布基本一致,都在工频的正半周期和负半周期有所分布,只是在不同检测量纲下的幅值有所不同。悬浮放电的放电量通

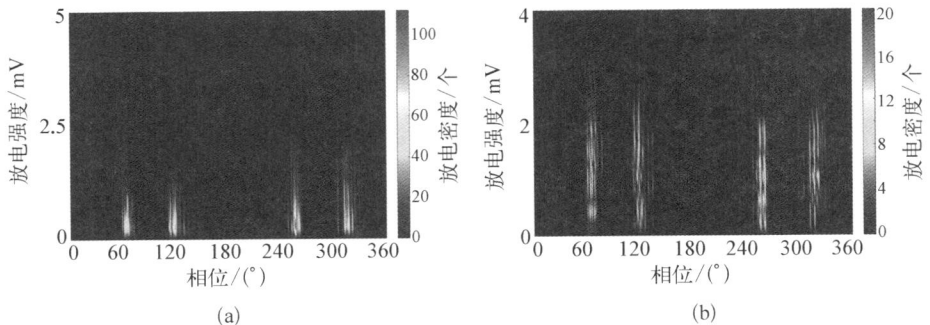

(a)　　　　　　　　　　　　(b)

图 6-4　这两种检测方法下的悬浮缺陷 PRPD 图谱

(a) 光学检测;(b) 特高频检测

常较大,伴随产生的光学信号和特高频信号也会相应较大,因此这两种检测方法的相位信号差异并不大,对悬浮放电的响应基本一致。

图 6-5 所示为这两种检测方法下的微粒缺陷 PRPD 图谱。在外界电场的作用下,自由金属微粒在电极间发生随机跳动,当与电极相接触时发生局部放电。由于自由金属微粒的运动随机性很强,其放电重复率较低,使局部放电在相位上的分布较为分散。对比光学 PRPD 图谱和特高频 PRPD 图谱能够看出,在相位上光学 PRPD 图谱的信号出现了部分缺失,这可能由于部分微粒放电的光信号在微粒和电极之间传播并消失于两者的间隙中,或在传播过程中气体吸收和反射衰减。

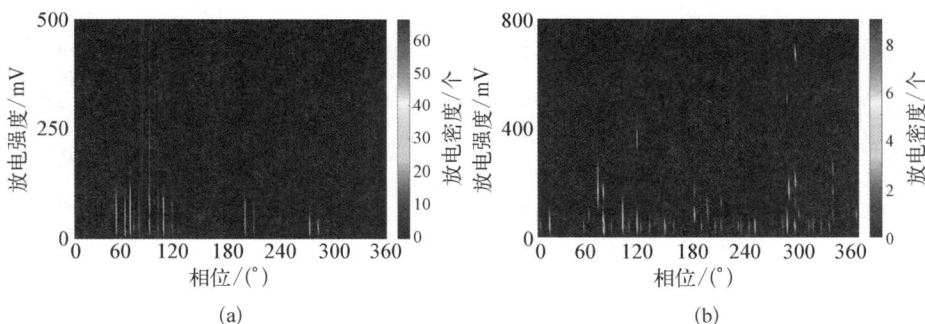

图 6-5　两种检测方法下的微粒缺陷 PRPD 图谱
(a) 光学检测;(b) 特高频检测

通过上述检测结果对比能够发现,在相同的检测环境下,光学检测和特高频检测对不同缺陷的检测效果存在差异,会存在部分局部放电特征信息缺失的现象。例如,特高频检测对尖端缺陷的局部放电信号出现漏检,光学检测对微粒缺陷的局部放电信号出现漏检,这都会影响局部放电模式识别的准确率。因此,如果将光学检测和特高频检测两种方法的检测结果结合,就能够形成优势互补,弥补不同检测方法的信号缺失问题,使得检测结果包含更加丰富的局部放电特征信息,有利于模式识别的诊断效果。

6.2　NSCT 图像融合算法原理

在局部放电模式识别中,图像融合算法是提升检测精度和可靠性的关键技术之一。本节将介绍 NSCT 图像融合算法的原理，重点探讨其分解算法框架和图像融合规则。NSCT 分解算法能够有效捕捉图像的多尺度几何特征，而融合规则则确保不同来源的图像信息能够被高效整合。这些技术为局部放电光电信号融合和特征提取提供了坚实的理论基础，有助于实现更精确的局部放电模式识别。

6.2.1　NSCT 分解算法框架

局部放电 PRPD 图谱的边缘纹理特征是模式识别过程中一种重要的表征参量，对于缺陷类型的识别起到关键的作用。因此，本书提出采用 NSCT 图像融合算法将光学 PRPD 图谱与特高频 PRPD 图谱进行融合，得到光电融合 PRPD 图谱进行模式识别。NSCT 的算法框架可以分为两部分分别为非下采样金字塔滤波器组（NSPFB）和非下采样定向滤波器组（NSDFB），NSCT 分解算法的原理框架如图 6 - 6 所示。

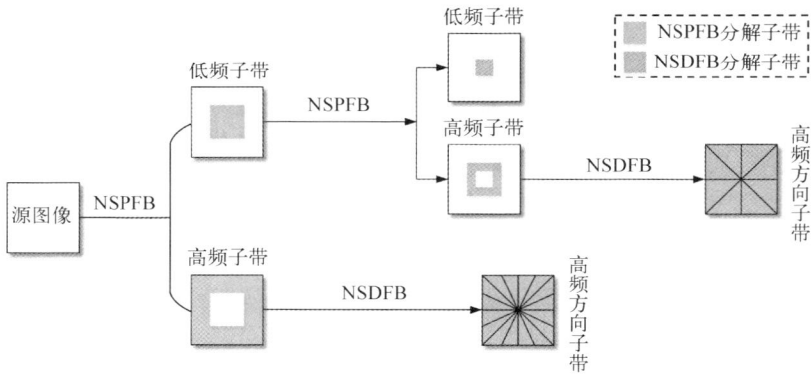

图 6 - 6　NSCT 分解算法的原理框架

NSPFB 是一种上采样的滤波器组，为了实现图像的多尺度分解，NSPFB 通过矩阵 $D = 2I$ 的迭代计算来进行上采样过程，得到滤波器 $H(Z^{2I})$。NSPFB 利用低通滤波器 $H_0(Z^{2I})$ 和带通滤波器 $H_1(Z^{2I})$ 对上一级的低频子带图像进行滤波，从而将每一级的低频子带图像分解为一个低频子带和一个高频子带。在此，定义分解的尺度为 j。在滤波的过程中，j 尺度下低通滤波器的理想频域为 $[-\pi/2j, \pi/2j] \times [-\pi/2j, \pi/2j]$，相应的带通滤波器在 j 尺度下的理想频域为 $[-\pi/2j + 1, \pi/2j + 1] \times [-\pi/2j - 1, \pi/2j - 1]$[2]。因此，在对图像进行 j 级的 NSPFB 分解后，能够得到与源分解图像尺寸相同的 $j+1$ 个子图，其中包括 1 个低频子图和 j 个高频子图[3]。以三级 NSPFB 分解为例，其分解原理如图 6 - 7 所示。

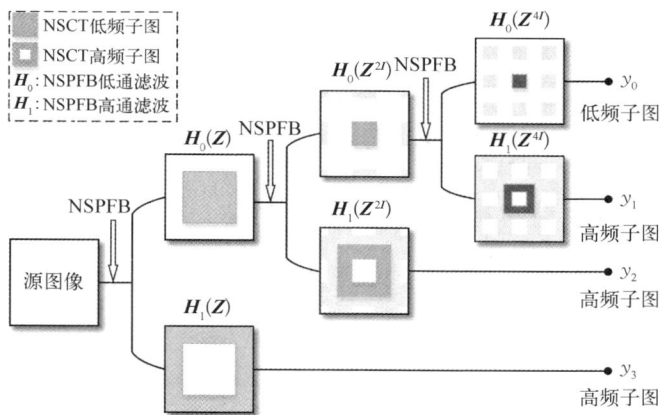

图 6-7　三级 NSPFB 分解原理

NSDFB 在 NSCT 算法中是一种扇形滤波器组,通过采样矩阵 D 对扇形频域的双通道方向滤波器 $U_0(Z)$ 和 $U_1(Z)$ 进行上采样,得到滤波器 $U_0(Z^D)$ 和 $U_1(Z^D)$。然后利用 $U_0(Z^D)$ 和 $U_1(Z^D)$ 滤波器对上一级分解的子图进行方向滤波,能够在相应频域的图像上实现更加精确的方向分解。以两级 NSDFB 方向分解为例,NSDFB 将二维频域分解为几个表示方向的楔形区域,每个楔形区域包含图像的详细方向特征,如图 6-8 所示。因此,通过对 NSPFB 分解得到的子

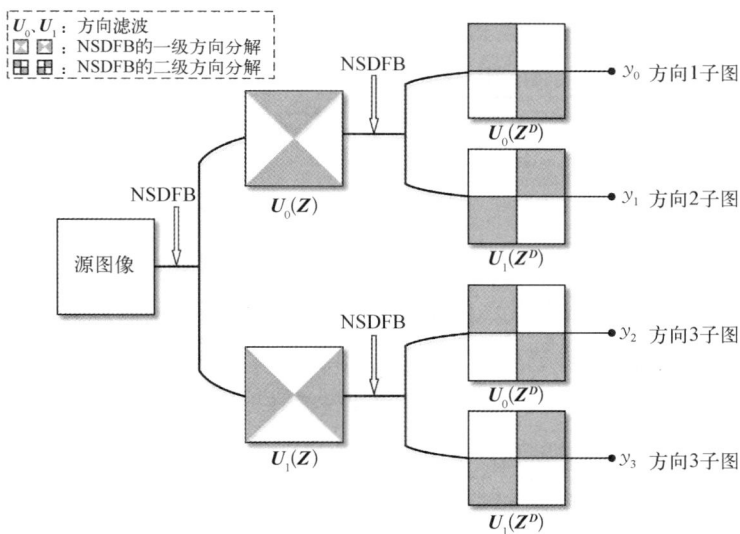

图 6-8　两级 NSDFB 方向分解原理

127

带图像进行 k 级的方向分解,能够得到与源图像相同尺寸的 2^k 个方向子图[4]。

6.2.2 NSCT 图像融合规则

1) NSCT 图像融合规则

根据上述的 NSCT 分解原理,当 k_j 表示 j 级 NSPFB 分解中第 j 级图像的 NSDFB 方向分解时,则分解产生的子图数量可以表示为 $1 + \sum_{j=1}^{J} 2^{k_j}$,其中包括 1 个低频子图和 $\sum_{j=1}^{J} 2^{k_j}$ 个高频子图。为了保证 NSCT 图像融合过程中的各向异性,本书改变了 NSPFB 每一级分解的 k_j 值。由于 NSDFB 方向分解只针对 NSPFB 分解中的高频子图,使得 NSPFB 分解的每一级高频子图都具有不同的方向分解。NSCT 图像融合原理如图 6-9 所示。

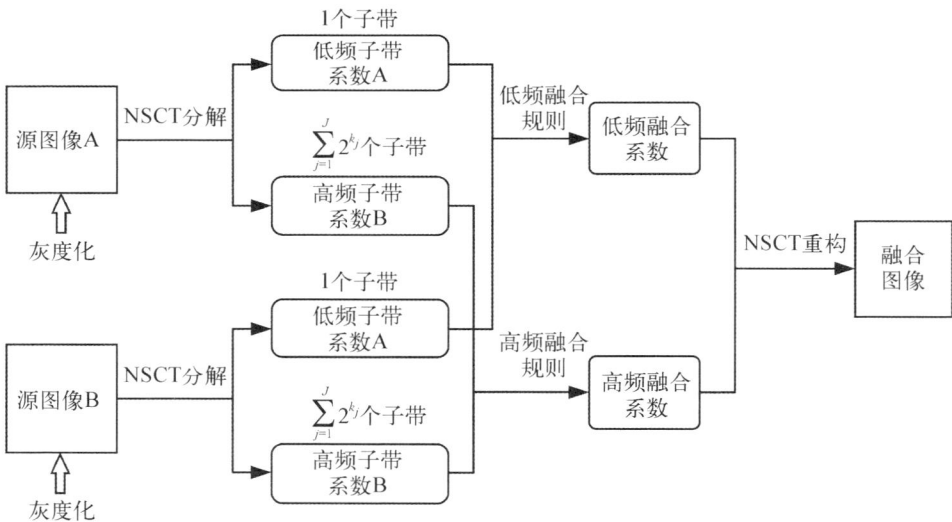

图 6-9 NSCT 图像融合原理

根据 NSCT 图像融合原理,在进行图像融合之前首先需要对源图像 A 和源图像 B 进行灰度化处理,然后再进行 NSCT 分解,能够得到源图像 A 和源图像 B 经过 NSCT 分解后每个图像的高频子带系数 $G_{j,r}^{A}(x, y)$、$G_{j,r}^{B}(x, y)$ 和低频子带系数 $L_{J}^{A}(x, y)$、$L_{J}^{B}(x, y)$。其中,$j=(1,2,\cdots,J)$ 表示 NSPFB 的总分解级数;r 表示 NSDFB 对第 j 级 NSPFB 的方向分解中第 r 个分解方向($r=1$,

$2, \cdots, 2^{k_j}$ ）；子带系数表示图像中各像素点的灰度值。

2）低频子图融合规则

源图像经过 NSCT 分解之后，其轮廓信息主要保留在源图像的低频子图中，通过将两个源图像分解后的低频子图进行融合，能够尽可能不丢失两个源图像的轮廓特征。而 PRPD 图谱中放电分布的轮廓信息对于特征信息提取和模式识别都尤为重要。因此，本书提出了一种低频子图融合规则，并引入 Canny 算子和局部熵来更好地在融合过程中体现 PRPD 图谱的轮廓信息。两个低频图像的融合在算法的层面就是两个低频子带系数 $L_J^A(x, y)$ 和 $L_J^B(x, y)$ 的融合，这两个低频子带系数具有相同的尺寸。

本书利用 Canny 算子对这两个低频子带系数进行边缘提取，能够有效获取图像的边缘轮廓二值图，分别表示为 $L_{J, \text{Canny}}^A(x, y)$ 和 $L_{J, \text{Canny}}^B(x, y)$。 通过 Canny 算子的轮廓提取，能够较好地保留 PRPD 图谱中的轮廓信息，减少图谱纹理和信号稀疏分布带来的不利影响。

另外，在低频子图融合中，本书通过运用局部熵来反映 PRPD 图谱的灰度离散程度，来表征不同区域的特征信息含量。当一个区域的局部熵较大时，说明该区域的灰度值相对均匀，包含的图谱特征信息较少；而当一个区域的局部熵较小时，说明该区域的灰度差较大，包含的特征信息更多。因此，在 PRPD 图谱中信号分布的平滑区域，该区域的局部熵较大；而在 PRPD 图谱中信号分布的边界轮廓区域，则该区域的局部熵较小[5]。

针对局部熵的计算，$f(x, y)$ 定义为图像 (x, y) 位置处的灰度值，一个 $X \times Y$ 尺寸的区域局部熵 $H_{f(x, y)}$ 表示为

$$H_{f(x, y)} = \sum_{x=1}^{X} \sum_{y=1}^{Y} p_{xy} \log p_{xy} \tag{6-1}$$

式中，p_{xy} 表示在 (x, y) 位置处灰度值的分布概率，表示为

$$p_{xy} = \frac{f(x, y)}{\sum\limits_{x=1}^{X} \sum\limits_{y=1}^{Y} f(x, y)} \tag{6-2}$$

因此，本书的低频系数的融合规则可以总结如下。

（1）针对两个图像经 Canny 算子处理后得到的边缘轮廓二值图 $L_{J, \text{Canny}}^A(x, y)$ 和 $L_{J, \text{Canny}}^B(x, y)$，以 3×3 的采样窗口尺寸分别遍历计算两个边缘轮廓二值

图中所有位置的局部熵 $H^A_{f(x, y)}$ 和 $H^B_{f(x, y)}$。

（2）通过比较每个位置(x, y)处的局部熵，确定采样窗口包含的轮廓特征信息。由此，两个低频子图的融合权重系数 $c_A(x, y)$ 和 $c_B(x, y)$ 分别可通过如下计算得到：

$$c_A(x, y) = \frac{H^A_{f(x, y)}}{H^A_{f(x, y)} + H^B_{f(x, y)}} \tag{6-3}$$

$$c_B(x, y) = \frac{H^B_{f(x, y)}}{H^A_{f(x, y)} + H^B_{f(x, y)}} \tag{6-4}$$

（3）根据图像的局部熵和融合权重系数，得到融合后的低频子图所对应的低频子带系数，表示为

$$L^{\text{fusion}}_J(x, y) = c_A \times L^A_J(x, y) + c_B \times L^B_J(x, y) \tag{6-5}$$

由此，可得到两个图像的低频融合子图。

3）高频子图融合规则

不同于低频子图包含了源图像中更多的轮廓信息，经过 NSCT 分解后得到的高频子图则包含源图像中更多的图像纹理信息，代表 PRPD 图谱中信号的密度分布。因此，高频子图融合的关键是增强图像的纹理特征，使高频子图中包含更多的信息量。

本书提出将相位一致性原理应用于高频子图的融合当中，相位一致性是指从频域的角度对灰度图像的特征点进行分析计算，其理论基础是先对图像进行傅里叶变换，再将各谐波分量相位最一致的点视为图像的特征点[6]。

在高频子图的融合过程中，相位一致性值可以表征高频子图的锐度。因为高频子图可以被视为一种二维信号[7]，所以子图中位置(x, y)处的相位一致性值可以表示为

$$PC(x, y) = \frac{\sum\limits_{k} E_{\theta_k}(x, y)}{\varepsilon + \sum\limits_{n} \sum\limits_{k} A_{n. \theta_k}(x, y)} \tag{6-6}$$

式中，$A_{n. \theta_k}$ 表示第 n 个傅里叶分量在角度 θ_k 的幅值；θ_k 表示 k 处的相位角；ε 表示一个正常数来抵消子图的偏置分量，设置为 0.001。其中，$E_{\theta_k}(x, y)$ 可表示为

$$E_{\theta_k}(x, y) = \sqrt{F_{\theta_k}^2(x, y) + H_{\theta_k}^2(x, y)} \tag{6-7}$$

$$F_{\theta_k}(x, y) = \sum_n e_{n, \theta_k}(x, y) \tag{6-8}$$

$$H_{\theta_k}(x, y) = \sum_n o_{n, \theta_k}(x, y) \tag{6-9}$$

式中，$e_{n, \theta_k}(x, y)$ 和 $o_{n, \theta_k}(x, y)$ 表示子图在 (x, y) 处的卷积计算结果，可通过如下计算得到：

$$\left[e_{n, \theta_k}(x, y), o_{n, \theta_k}(x, y) \right] = \left[I(x, y) \times M_n^e, I(x, y) \times M_n^o \right]$$

$$\tag{6-10}$$

式中，$I(x, y)$ 表示子图在位置 (x, y) 处的像素值；M_n^e 和 M_n^o 分别表示尺度为 n 的二维 log - Gabor 偶/奇对称滤波器[8]。

由于相位一致性值无法反映图像的局部对比度变化，为了弥补这方面的不足，本书提出采用锐度变化量来表征图像的局部对比度变化，锐度变化量表示为

$$SCM(x, y) = \sum_{(x_0, y_0) \in \Omega_0} \left[I(x, y) - I(x_0 - y_0) \right]^2 \tag{6-11}$$

式中，Ω_0 表示以位置 (x, y) 为中心的一个 3×3 的局部区域；(x_0, y_0) 表示局部区域 Ω_0 中的一个像素点。由此，位置 (x, y) 处局部邻域的锐度变化量表示为

$$LSCM(x, y) = \sum_{a=-M}^{M} \sum_{b=-N}^{N} SCM(x+a, y+b) \tag{6-12}$$

式中，$(2M+1) \times (2N+1)$ 表示邻域的尺寸面积。

另外，由于相位一致性和局部邻域的锐度变化量还不能完全反映图像的局部亮度信息，本书提出引入局部能量的概念：

$$LE(x, y) = \sum_{a=-M}^{M} \sum_{b=-N}^{N} \left[I(x+a, y+b) \right]^2 \tag{6-13}$$

根据上述 3 种表征高频子图特征信息的参量，本书利用相位一致性、局部邻域的锐度变化和局部能量这 3 种图像特征来综合定义一种新的图谱信息表征量（NAM），以此作为高频子图融合的融合特征，NAM 表示为

$$NAM(x, y) = [PC(x, y)]^{\alpha_1} \times [LSCM(x, y)]^{\beta_1} \times [LE(x, y)]^{\gamma_1}$$

$$(6-14)$$

式中，α_1、β_1 和 γ_1 用于调整 NAM 中各图像特征的系数值的值，分别设置为 1、2 和 2。

基于已经计算得到的 NAM，高频融合图像能够通过如下计算得到：

$$H_j^{\text{fusion}}(x, y) = \begin{cases} H_A(x, y), \text{ if } Lmap_A(x, y) = 1 \\ H_B(x, y), \text{ otherwise} \end{cases} \quad (6-15)$$

式中，$H_j^{\text{fusion}}(x, y)$ 表示第 j 级的高频融合子图；$H_A(x, y)$ 和 $H_B(x, y)$ 分别表示源图像 A 和源图像 B 的高频子图。$Lmap_i(x, y)$ 为高频子图融合过程中的决策图，可通过如下计算得到：

$$Lmap_i(x, y) = \begin{cases} 1, \text{ if } \lceil S_i(x, y) \rceil > \dfrac{\tilde{M} \times \tilde{N}}{2} \\ 0, \text{ otherwise} \end{cases} \quad (6-16)$$

$$S_i(x, y) = \{(x_0, y_0) \in \Omega_1 \mid NAM_i(x_0, y_0) \geqslant \max[NAM_1(x_0, y_0), \cdots,$$
$$NAM_{i-1}(x_0, y_0), NAM_{i+1}(x_0, y_0), \cdots, NAM_K(x_0, y_0)]\}$$

$$(6-17)$$

式中，Ω_1 表示一个大小为 $\tilde{M} \times \tilde{N}$ 的滑动窗口，滑动窗口的中心坐标为 (x, y)；K 表示源图像的数量。

综上所述，根据低频子图和高频子图的融合方式，获得低频融合 NSCT 系数 $L_j^{\text{fusion}}(x, y)$ 和高频融合 NSCT 系数 $H_j^{\text{fusion}}(x, y)$，最终通过 NSCT 逆变换重构得到融合图像 F。

6.3　基于 NSCT 光电图谱融合的局部放电模式识别实验验证

基于上述的 NSCT 图像融合原理，本书提出一种基于 NSCT 图像融合算法的局部放电模式识别方法。利用 NSCT 算法将灰度化的光学 PRPD 图谱和特高频 PRPD 图谱分解为相应的低频子图和高频子图,然后采用上述的 NSCT 融合方法将光学 PRPD 图谱和特高频 PRPD 图谱进行融合,得到光电融合 PRPD 图谱。该方法将两种 PRPD 图谱的局部放电特征信息进行了融合,丰富了模式识别过程中的特征信息量,解决了单一 PRPD 图谱中局部放电特征信息不足的问题,有利于提高模式识别的准确率。该方法的整体思路如图 6‑10 所示。

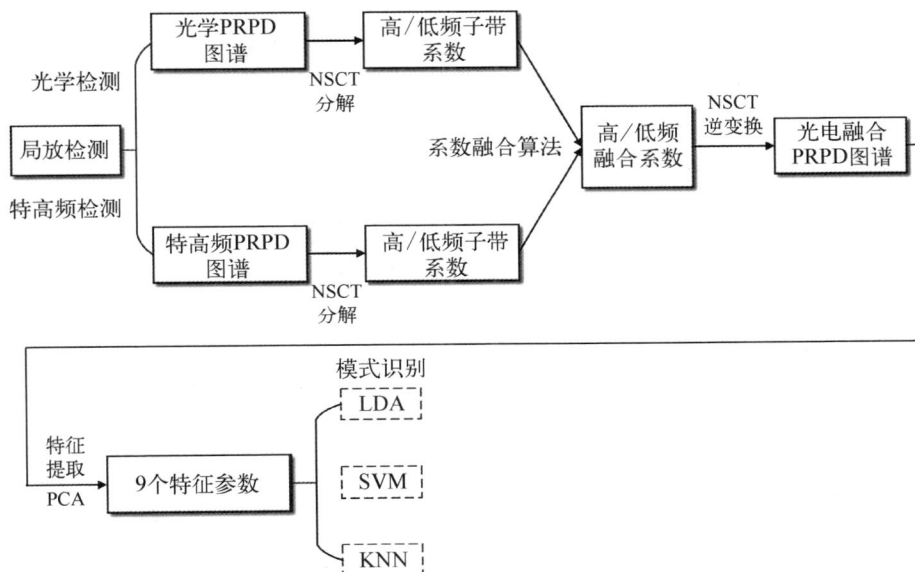

图 6‑10　基于光电融合 PRPD 图谱的局部放电模式识别总体思路

6.3.1　实验方法及平台搭建

1) 实验平台

为了对本书提出的局部放电模式识别方法进行实验验证,本书搭建了 GIS 局部放电光电联合检测实验平台(见图 6‑11),该平台能够通过荧光光纤光学传感器与特高频传感器同时采集局部放电信号。整个实验平台搭建于电磁屏蔽室中,能够有效隔离外界电磁干扰,避免对特高频检测造成影响。GIS 实验罐体中光信号背景噪声极低,满足局部放电的检测要求。在 GIS 罐体中设置有一个光电一体的局部放电传感器,其由荧光光纤和特高频传感器组成。荧光光纤作为光信号传感器,特高频传感器的检测频带范围为 $1.5 \sim 300 \text{ GHz}$。采集到的光信号通过光电倍增管(HAMAMATSU－H10722－01)将光信号转化为电信号,并由示波器(LeCroy－HDO6000A)采集;采集到的特高频信号经过信号调理单元的放大也传输到同一示波器的不同通道,并同步记录光学与电学两种局部放电信号。同时,在局部放电检测的过程中运用数字局放仪采集局部放电信号作为对照,确保脉冲信号为局部放电所产生。

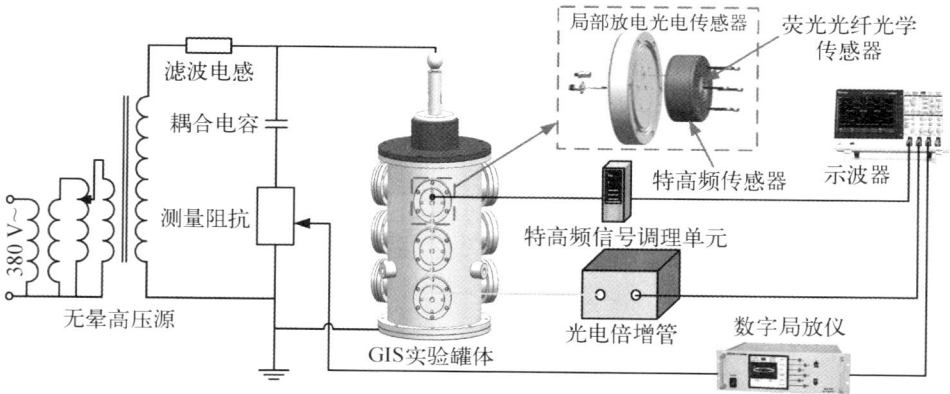

图 6－11　GIS 局部放电光电联合检测实验平台

基于上述的实验平台,本书中设计了 3 种局部放电典型缺陷,分别为尖端缺陷、悬浮缺陷和微粒缺陷,其结构如图 6－12 所示。每种缺陷的金属材质均为铝,悬浮缺陷通过环氧树脂中悬浮的金属棒来实现悬浮电位,自由金属微粒的直径为 2 mm。在实验时分别将不同的缺陷模型放入 GIS 实验罐体中,实现不同缺陷下的局部放电。

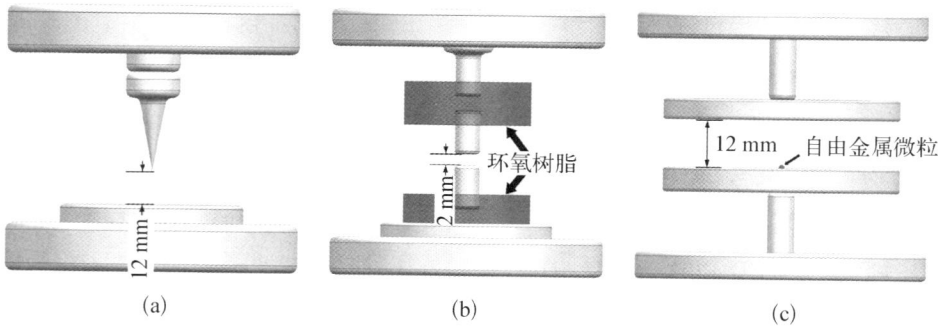

图 6－12　局部放电典型缺陷结构

(a) 尖端缺陷;(b) 悬浮缺陷;(c) 微粒缺陷

2）实验方法

在实验前对 GIS 罐体内部进行清洁，并在每次实验前对 GIS 罐体进行抽真空排气，然后冲入 0.2 MPa 的绝缘气体。本书提出的模式识别方法是从特征补偿层面进行的优化，识别结果与绝缘气体的类型无关，因此适用于各种绝缘气体，在此仅采用 C_4F_7N/CO_2 混合气体作为绝缘介质进行实验。在缺陷不击穿的情况下，记录每种缺陷在不同电压等级下的局部放电信号，每种缺陷记录 120 组数据集，共 360 组数据，每组数据集中记录了 50 个工频周期的放电信号，每组数据集能够构成一个 PRPD 图谱，为之后的 NSCT 图谱融合和模式识别提供数据支持。

基于采集到的局部放电数据，在进行模式识别的过程中，首先将每个数据集转化为 PRPD 图谱，相同时间段内的光学 PRPD 图谱与特高频 PRPD 图谱视为一对图谱；然后将每对 PRPD 图谱中的两个图谱分别进行 NSCT 分解，再将分解后的子图根据 NSCT 逆变换进行融合，得到光电 PRPD 融合图谱；最后将所有 360 个光电融合 PRPD 图谱按照一定的比例分为训练集和测试集投入分类算法中进行模式识别验证。

6.3.2　局部放电光电融合图谱的构建

由于数据集中样本较多，为了更详细地说明基于 NSCT 光电融合图谱的局部放电模式识别方法中的具体计算过程，本节以一组尖端放电的数据集为例来介绍局部放电光电融合图谱的具体构建流程，主要包括 PRPD 图谱的分解与融合。

1）光电局部放电图谱 NSCT 分解

在对 PRPD 图谱进行分解时，本书首先选择了对源图谱进行三级 NSPFB 分解，得到 1 个低频子图和 3 个高频子图。然后，对第一级、第二级和第三级 NSPFB 分解得到的高频子图分别进行 2^1、2^2 和 2^3 个方向上的 NSDFB 方向分解，使得子图中包含图像各个方向的特征信息，有利于特征的各向异性。最后，每个源图像都能够得到 1 个低频子图和 $\sum_{k=1}^{3} 2^k$ 个不同方向分解的高频子图，所有高频子图的尺寸都与源图像相同。

一组尖端缺陷的光学和特高频 PRPD 图谱经过 NSCT 分解后的结果如图 6-13 和图 6-14 所示。根据 NSCT 分解图能够看出，NSCT 从不同的频域尺度和方向尺度将两种局部放电 PRPD 图谱进行分解,得到包含不同尺度和方向信息的高频和低频子图,较好地保留了源图像的轮廓和纹理特征,有利于对融合图像进行特征提取。

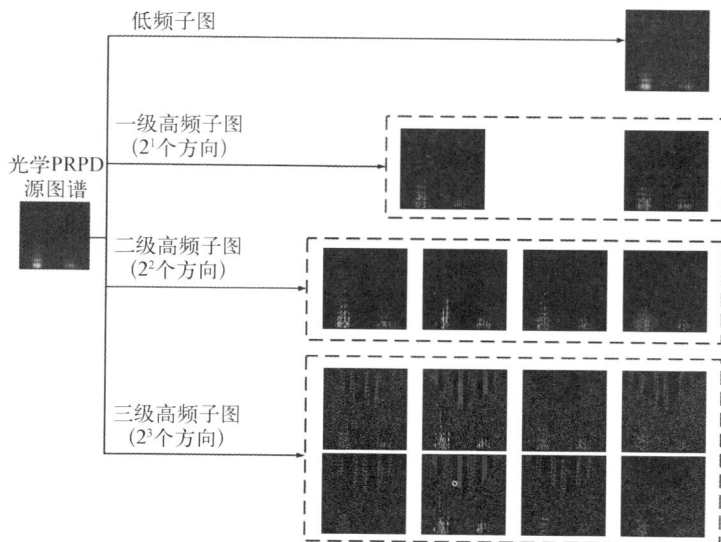

图 6-13　光学 PRPD 图谱的 NSCT 分解结果

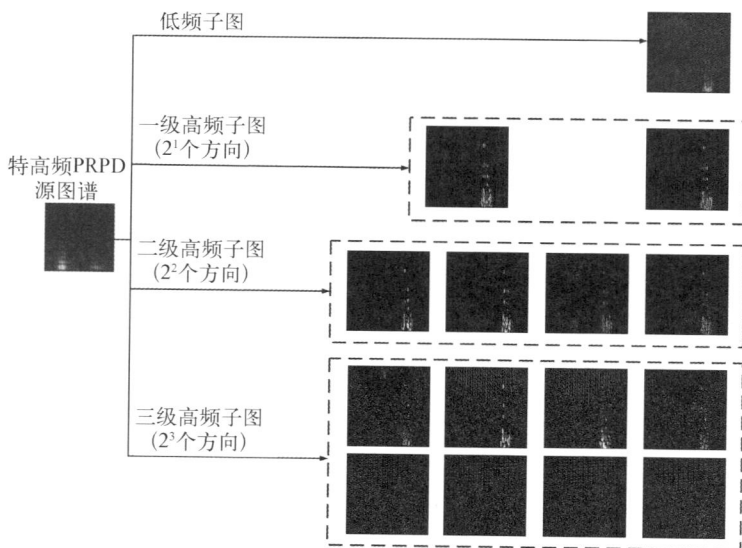

图 6-14　特高频 PRPD 图谱的 NSCT 分解结果

2）光电局部放电图谱 NSCT 融合

根据上述融合规则，将图 6-13 和图 6-14 分解得到的光学和特高频的子图进行融合，得到光电融合子图，其中包括 1 个低频光电融合子图和 $\sum_{k=1}^{3} 2^k$ 个高频光电融合子图，如图 6-15 所示。虽然有些细节分布特征仅通过视觉很难分辨，但从图 6-15 能够看出，相应的融合子图同时包含了光学分解子图和特高频分解子图中的大致分布轮廓，能够初步判断融合的效果。

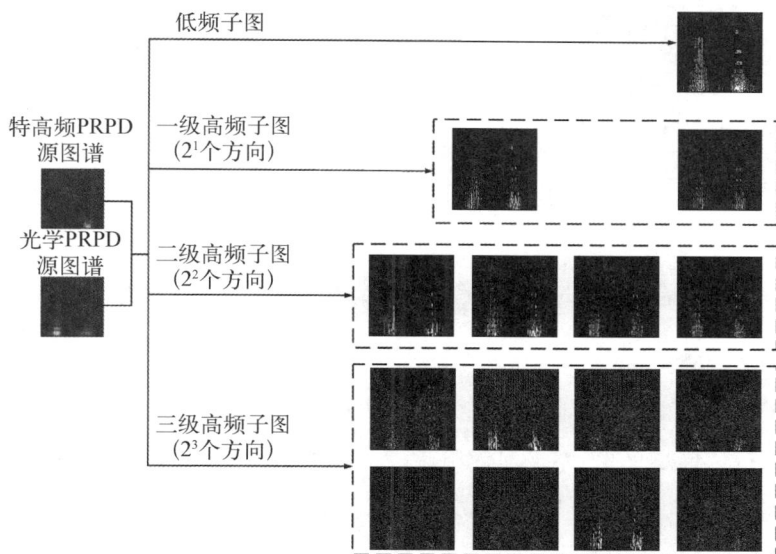

图 6-15　NSCT 光电图谱融合过程

通过 NSCT 的逆变换，能够将融合得到的子图重构出两个源图像整体融合的结果，得到最终的光电融合 PRPD 图谱，如图 6-16 所示。根据图 6-16 中虚线框区域可以看出，特高频 PRPD 图谱在工频正半周期和光学 PRPD 图谱在工频负半周期都明显存在信号缺失。而在光电融合 PRPD 图谱中，单一 PRPD 图谱的主要信号缺失区域在融合图谱中都能得到弥补，使得两种 PRPD 图谱的信号分布得到融合，明显改善了单一图谱中信号缺失的现象。

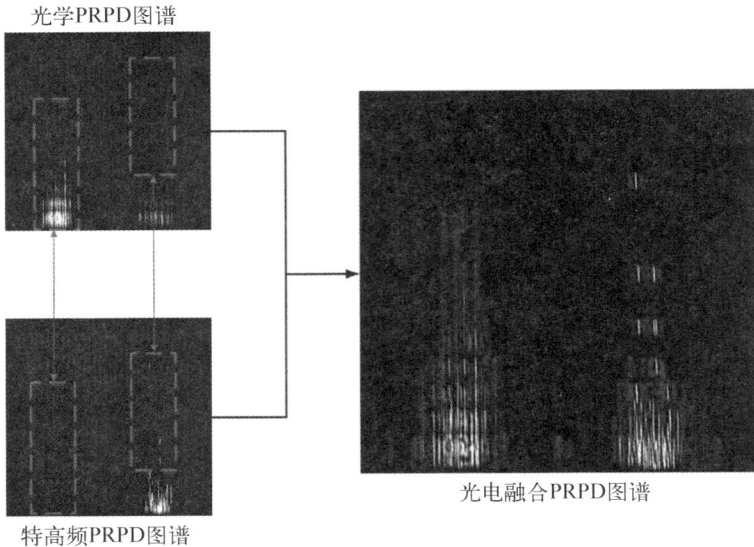

图 6 - 16　光电融合 PRPD 图谱

6.3.3　光电融合图谱的特征提取与降维

1）特征参数提取

为了能够全面、有效地反映光电融合 PRPD 图谱的图像特征，更好地为模式识别提供特征信息支持，本书对光电融合 PRPD 图谱提取 28 个特征参数，其中包括图像的 Tamura 纹理特征、灰度-梯度共生矩阵、Hu 不变矩和颜色矩共同构成光电融合 PRPD 图谱的特征空间。

（1）Tamura 纹理特征。完整的 Tamura 纹理特征包括 6 个特征参数，但根据对 PRPD 图谱中信号的分布和理解，本书选择 Tamura 纹理特征中能反映 PRPD 图谱纹理信息的 3 个特征参量，分别为粗糙度、对比度和方向性，这 3 种特征参量的计算如下。

粗糙度：指图像中每个像素点在横向和纵向尺度上的最大像素强度差的平均值，当图像的像素尺寸为 $m \times n$ 时，表示为

$$F_{\text{crs}} = \frac{1}{m \times n} \sum_{i=1}^{m} \sum_{j=1}^{n} S_{\text{best}}(i, j) \tag{6-18}$$

对比度：指对图像的像素分布强弱的统计参数，表示为

$$F_{con} = \frac{\sigma}{(\mu^4 / \sigma^4)^{\frac{1}{4}}} \tag{6-19}$$

式中，μ^4 表示图像的 4 次矩；σ^2 表示图像方差。

方向性：指图像在水平和垂直方向上的差异化分布，主要通过像素在水平方向上的变化梯度 Δ_H 和垂直方向上的变化梯度 Δ_V 来计算：

$$|\Delta\mathbf{G}| = \frac{|\Delta_H| + |\Delta_V|}{2} \tag{6-20}$$

$$\theta = \arctan\frac{\Delta_V}{\Delta_H} + \frac{\pi}{2} \tag{6-21}$$

式中，$|\Delta\mathbf{G}|$ 为图像中每个像素点处的梯度向量模，θ 表示梯度向量模的方位角。

(2) 灰度-梯度共生矩阵。灰度和梯度是一个图像中两个关键的参量，图像的灰度描述的是像素点的深浅，是构成图像的基础；图像的梯度描述的是像素点之间差异度，能够体现图像的边界轮廓。而灰度-梯度共生矩阵主要体现图像中像素点灰度和梯度之间的关联关系，从图像的两个关键特征出发，表征图像的主要分布特征。本书利用图像的灰度-梯度共生矩阵，选取了其中 15 个有效特征量对光电融合 PRPD 图谱进行特征提取，灰度-梯度共生矩阵 $\mathbf{p}_{ij}$ 的 15 个特征量分别如下[9]。

自相关系数：

$$\mathbf{G}_1 = \sum_i \sum_j (ij)\mathbf{P}_{ij} \tag{6-22}$$

对比度：

$$\mathbf{G}_2 = \sum_{n=0}^{N_g-1} n^2 \left\{ \begin{matrix} \sum_i^{N_g} \sum_j^{N_g} \mathbf{P}_{ij} \\ |i-j| = n \end{matrix} \right\} \tag{6-23}$$

相关度：

$$\mathbf{G}_3 = \frac{\sum_i \sum_j (ij)\mathbf{P}_{ij} - \mu_x\mu_y}{\sigma_x\sigma_y} \tag{6-24}$$

集群突出度：

$$\boldsymbol{G}_4 = \sum_i \sum_j (i+j-\mu_x-\mu_y)^4 \boldsymbol{P}_{ij} \tag{6-25}$$

簇遮蔽度：

$$\boldsymbol{G}_5 = \sum_i \sum_j (i+j-\mu_x-\mu_y)^3 \boldsymbol{P}_{ij} \tag{6-26}$$

差异度：

$$\boldsymbol{G}_6 = \sum_i \sum_j |i-j| \boldsymbol{P}_{ij} \tag{6-27}$$

能量：

$$\boldsymbol{G}_7 = \sum_i \sum_j \boldsymbol{P}_{ij}^2 \tag{6-28}$$

熵值：

$$\boldsymbol{G}_8 = -\sum_i \sum_j \boldsymbol{P}_{ij} \log(\boldsymbol{P}_{ij}) \tag{6-29}$$

均匀性：

$$\boldsymbol{G}_9 = \sum_i \sum_j \frac{1}{1+(i-j)^2} \boldsymbol{P}_{ij} \tag{6-30}$$

最大概率：

$$\boldsymbol{G}_{10} = \max_{i,j} \boldsymbol{P}_{ij} \tag{6-31}$$

平方和：

$$\boldsymbol{G}_{11} = \sum_i \sum_j (i-\mu)^2 \boldsymbol{P}_{ij} \tag{6-32}$$

总平均值：

$$\boldsymbol{G}_{12} = \sum_{i=2}^{2N_g} i \boldsymbol{p}_{x+y}(i) \tag{6-33}$$

总方差：

$$\boldsymbol{G}_{13} = \sum_{i=2}^{2N_g} (i-\boldsymbol{G}_{14})^2 \boldsymbol{p}_{x+y}(i) \tag{6-34}$$

总熵值：

$$\boldsymbol{G}_{14} = -\sum_{i=2}^{2N_g} \boldsymbol{p}_{x+y}(i) \log\{\boldsymbol{p}_{x+y}(i)\} \qquad (6-35)$$

差异方差：

$$\boldsymbol{G}_{15} = \text{variance of } \boldsymbol{p}_{x-y} \qquad (6-36)$$

式(6-22)~式(6-36)为灰度-梯度共生矩阵的 15 个特征参量，其中 $\boldsymbol{p}_x$ 和 $\boldsymbol{p}_y$ 分别表示灰度-梯度共生矩阵 $\boldsymbol{p}_{ij}$ 的行求和矩阵与列求和矩阵；N_g 表示图像中不同灰度值的数量；μ_x 和 μ_y 分别表示 $\boldsymbol{p}_x$ 和 $\boldsymbol{p}_y$ 的均值；σ_x 和 σ_y 分别表示 $\boldsymbol{p}_x$ 和 $\boldsymbol{p}_y$ 的标准方差。另外，$\boldsymbol{p}_{x-y}$ 和 $\boldsymbol{p}_{x+y}$ 分别计算如下：

$$\boldsymbol{p}_{x+y}(k) = \sum_{i=1}^{N_g} \sum_{j=1}^{N_g} \boldsymbol{p}(i,j), \ (i+j=k; \ k=2,3,\cdots,2N_g) \qquad (6-37)$$

$$\boldsymbol{p}_{x-y}(k) = \sum_{i=1}^{N_g} \sum_{j=1}^{N_g} \boldsymbol{p}(i,j), \ (|\,i-j\,|=k; \ k=0,1,\cdots,N_{g-1}) \qquad (6-38)$$

（3）Hu 不变矩。Hu 不变矩通常用来描述图像中的突出形状，能够较好地表征图像中的特殊分布。7 个 Hu 不变矩 η 的计算如下：

$$\eta_1 = \mu_{20} + \mu_{02} \qquad (6-39)$$

$$\eta_2 = (\mu_{20} - \mu_{02})^2 + 4\mu_{11}^2 \qquad (6-40)$$

$$\eta_3 = (\mu_{30} - 3\mu_{12})^2 + (3\mu_{21} - \mu_{03})^2 \qquad (6-41)$$

$$\eta_4 = (\mu_{30} + \mu_{12})^2 + (\mu_{21} + \mu_{03})^2 \qquad (6-42)$$

$$\eta_5 = (\mu_{30} - 3\mu_{12})(\mu_{30} + \mu_{12})[(\mu_{30} + \mu_{12})^2 - 3(\mu_{21} - \mu_{03})^2] + \cdots\cdots +$$
$$(3\mu_{21} - \mu_{03})(\mu_{21} + \mu_{03})[3(\mu_{30} + \mu_{12})^2 - (\mu_{21} + \mu_{03})^2] \qquad (6-43)$$

$$\eta_6 = (\mu_{20} - \mu_{02})[(\mu_{30} + \mu_{12})^2 - (\mu_{21} + \mu_{03})^2]$$
$$+ 4\mu_{11}(\mu_{30} + \mu_{12})(\mu_{21} + \mu_{03}) \qquad (6-44)$$

$$\eta_7 = (3\mu_{21} - \mu_{03})(\mu_{30} + \mu_{12})[(\mu_{30} + \mu_{12})^2 - 3(\mu_{21} + \mu_{03})^2] - \cdots\cdots -$$
$$(\mu_{30} - 3\mu_{12})(\mu_{21} + \mu_{03})[3(\mu_{30} + \mu_{12})^2 - (\mu_{21} + \mu_{03})^2] \qquad (6-45)$$

式(6-39)~式(6-45)中，μ_{pq} 表示图像的 $p+q$ 阶矩。

（4）颜色矩。颜色矩一般用来有效地表征图像的颜色分布，对灰度图来说，不同区域所对应的灰度矩也不相同。灰度矩包括 3 种表征方法，分别为一阶矩（均值）、二阶矩（方差）和三阶矩（斜度），具体计算如下：

$$M_i = \frac{1}{N} \sum_{j=1}^{N} p_{i,j} \qquad (6-46)$$

$$C_i = \left[\frac{1}{N} \sum_{j=1}^{N} (p_{i,j} - \mu_i)^2 \right]^{\frac{1}{2}} \qquad (6-47)$$

$$S_i = \left[\frac{1}{N} \sum_{j=1}^{N} (p_{i,j} - \mu_i)^3 \right]^{\frac{1}{3}} \qquad (6-48)$$

式(6-46)~式(6-48)分别为 3 个颜色的矩特征参量，其中 $p_{i,j}$ 表示图像中第 j 个像素的第 i 个颜色分量；N 表示图像的像素数量。

以上所有 28 个特征参量共同构成 PRPD 图谱的投入模式识别中的特征向量空间。

2）特征空间降维

通过上述 28 个特征参量的提取，基本上覆盖了图像的各方面特征，但是在不同特征之间不可避免会出现特征信息的重叠和冗余，从而使得特征参数之间的相对独立性降低，影响模式识别效率。同时，由于特征空间的维数较大，当局部放电样本数量增加时，模式识别模型中的数据量会激增，加重识别过程中的计算负担。通过对 28 维的特征空间进行因子相关性分析，得到 KMO 值为 0.835 6，Bartlett 球面检验值为 132.96，可以看出现有特征参量之间存在较强的局部相关性。

因此，为了降低特征空间中各特征参数之间的复共线性，避免特征参量之间的重叠，提高模式识别效率，本书提出采用 PCA 对 28 维特征空间进行降维处理，在保证特征信息不丢失的情况下，尽可能地降低特征空间维度和特征参量之间的相关性。

在进行 PCA 降维的过程中，本书根据特征参量的贡献率，将累计特征贡献率大于 98% 的前 8 个特征参量作为降维后的特征参量（见表 6-1），最终构成 8 维的特征向量空间用于模式识别。

表 6 - 1　PCA 主成分因子的贡献率

特征参量	1	2	3	4	5	6	7	8	9	⋯	28
贡献率/%	65.00	11.46	7.78	6.01	3.02	2.21	1.58	0.86	0.64	⋯	0.01
累计贡献率/%	65.00	76.46	84.24	90.25	93.27	95.48	97.06	97.92	98.56	⋯	100

6.3.4　模式识别验证

在上述特征提取与降维过程后,为了验证本书提出的方法在不同分类器中的性能,我们将 8 维特征空间投入 3 种不同的算法中进行模式识别,这 3 种模式识别算法分别为线性判别分析法(LDA)、k 近邻算法(KNN)和支持向量机法(SVM)。LDA 是一种用于监督学习的降维技术,它将样本投影到分类线上,然后根据投影点的位置确定新样本的类别;KNN 是一种分类回归方法,通过计算一个样本在特征空间中最接近的 K 类样本属于哪一类来决定分类识别结果;SVM 是将低维空间中的点映射到高维空间,使得样本空间线性可分,然后利用线性划分原理对样本数据进行识别分类[10]。

基于上述 3 种模式识别方法,通过实验验证了本书提出的光电融合 PRPD 图谱对不同分类器的适用性,同时也将单一光学 PRPD 图谱和单一特高频 PRPD 图谱的识别结果与光电融合 PRPD 图谱的结果进行比较,分析不同图谱对模式识别效果的影响程度。

另外,为了验证不同训练样本数对模式识别效果的影响,本书更改了 4 次训练样本的数量来进行模式识别实验,4 次训练样本的数量分别为 300 个、240 个、180 个和120 个,每个训练样本集中包含了所有 3 种局部放电缺陷的类型,且这 3 种缺陷的数量不会出现明显的差异。由此,这 4 种模式识别训练样本所对应的测试样本数量分别为 60 个、120 个、180 个和 240 个,同样每个测试样本中也包括 4 种缺陷类型。

6.4　实验结果分析

根据上述实验方法,定义模式识别的准确率为正确识别的样本数占测试样本的比率,不同 PRPD 图谱在不同训练样本数量下的模式识别结果如图 6 - 17 所示。

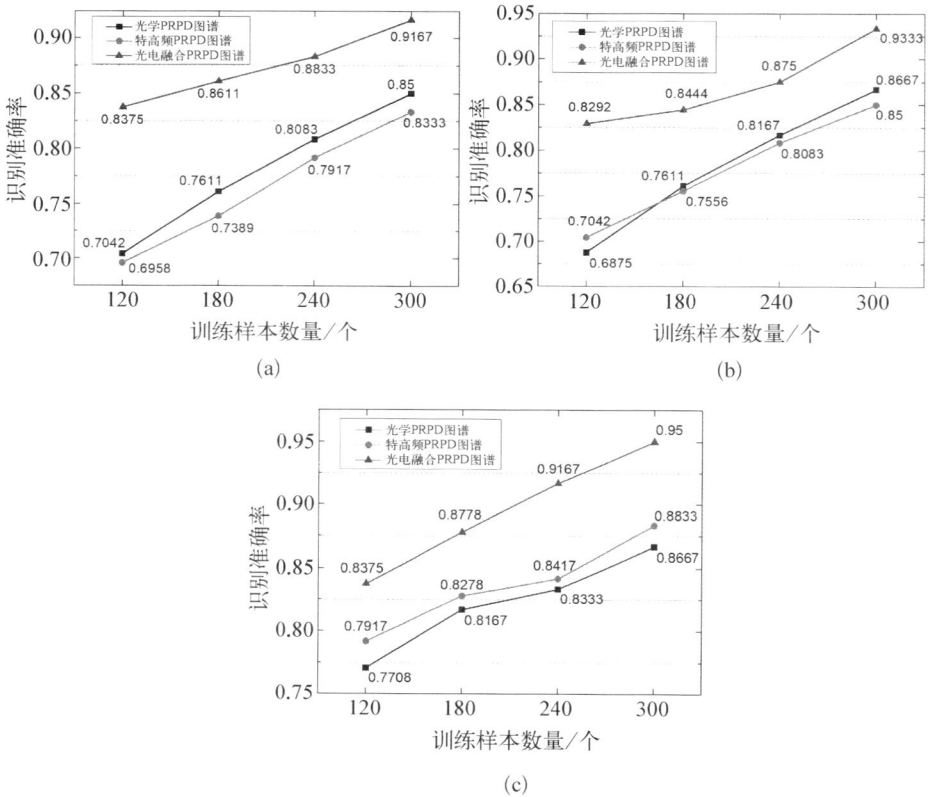

(a)

(b)

(c)

图 6 - 17 不同 PRPD 图谱在不同训练样本数量下的模式识别结果(三种算法)
(a) LDA 算法;(b) KNN 算法;(c) SVM 算法

从图 6 - 17 可知,光电融合 PRPD 图谱在每种模式识别方法的任何实验条件下,其模式识别的准确率都是最高的,这说明本书提出的光电融合 PRPD 图谱在模式识别过程中具有较好的应用效果,并随着训练样本数量增加,模式识别的准确率会逐渐上升。当训练样本数量为 300 时,光电融合 PRPD 图谱的模式识别准确率能达到 90% 以上,其中最高准确率为使用 SVM 算法的情况下,其识别率能达到 95%。

同时,针对光电 PRPD 融合图谱,在这 3 种模式识别方法下最低识别准确率为 82.92%,是在训练样本数量为 120 个时使用 KNN 算法得到的。而使用单一光学 PRPD 图谱和单一特高频 PRPD 图谱时,最低识别率甚至会低于 70%。由此对比可知,光电融合 PRPD 图谱识别准确率的最低下限和最高上限都比单一类型的 PRPD 图谱有较大提升,验证了本书提出的光电融合 PRPD 图谱对不同模式识别算法的适用性。

　　另外,本书还分析了不同 PRPD 图谱模式对不同局部放电缺陷类型的识别效果,以训练样本数为 120 个为例,使用上述 3 种模式识别算法对 3 类 PRPD 图谱进行识别,然后综合统计这 3 种模式识别算法的平均识别准确率,得到不同的 PRPD 图谱下每种缺陷类型的识别准确率,如图 6‐18 所示。

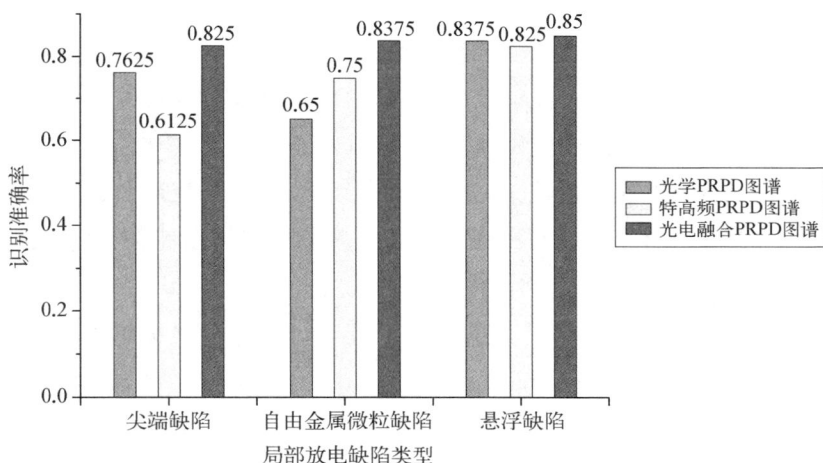

图 6‐18　三类 PRPD 图谱类型对不同缺陷的模式识别结果

　　根据图 6‐18 中的结果,并结合前文在检测中存在的信号缺失问题能够发现,由于局部放电特高频信号在检测尖端缺陷时会出现信号部分缺失,特高频 PRPD 图谱对尖端缺陷的模式识别准确度相对较低。此外,由于局部放电光学信号在对自由微粒缺陷进行检测时存在部分信号缺失,光学 PRPD 图谱对自由微粒缺陷的模式识别准确度相对较低。而相比于单一的 PRPD 图谱,光电融合 PRPD 图谱对 3 种局部放电缺陷的模式识别准确率都相对较高,说明对不同局部放电缺陷均具有良好的适用性。

　　综上所述,本章提出的基于 NSCT 光电图谱融合的局部放电模式识别方法,通过 NSCT 算法将光学 PRPD 图谱与特高频 PRPD 图谱融合形成光电融合 PRPD 图谱,由此形成的光电融合 PRPD 图谱包含了光学信号和特高频信号的综合特征信息,解决了单一局部放电图谱特征信息不足的问题,提高了局部放电的模式识别准确率。具体总结如下。

(1) 发现单一局部放电检测方法存在信号缺失的问题。采用局部放电光学检测方法和特高频检测方法对相同情况下的尖端缺陷和微粒缺陷进行检测,发现在同一时间段内特高频检测对尖端放电出现信号漏检的问题,而光学检测到对自由微粒放电出现信号漏检的问题。这说明不同检测方法对不同缺陷放电的检测效果是不同的,容易造成检测到的局部放电特征信息不足,影响局部放电的模式识别效果。

(2) 提出基于 NSCT 图像融合算法的局部放电光电图谱融合技术。通过NSCT 算法将同步采集到的光学 PRPD 图谱和特高频 PRPD 图谱进行融合,得到包含光学和特高频双重特征信息的光电融合局部放电图谱,并将最终的光电融合图谱用于局部放电的模式识别。

(3) 搭建局部放电光电联合检测实验平台,验证光电融合局部放电图谱在模式识别过程中的有效性。利用光学和特高频传感器同步检测 GIS 实验罐体中 3 种典型缺陷的局部放电,将放电信号转化为光电融合 PRPD 图谱进行特征提取与降维,最终运用 3 种模式识别算法对光电融合 PRPD 图谱和单一 PRPD 图谱进行模式识别、对比分析和验证,得到本书提出的光电融合局部放电图谱在不同模式识别算法和不同训练集样本数量的情况下,其识别准确率普遍高于采用单一光学和特高频 PRPD 图谱的模式识别准确率,最高可达到 95%。这说明本书提出的光电融合局部放电图谱能够综合利用两种检测信号,丰富了局部放电图谱的特征信息,有效提高了局部放电模式识别的准确率,具有良好的应用前景。

参考文献

[1] 臧奕茗,钱勇,陈孝信,等.基于非下采样 Contourlet 变换的光电图像融合方法在 GIL 局放检测中的应用[J].高电压技术,2021,47(2):519-528.

[2] Golibagh, Mahyari, Arash, et al. Panchromatic and multispectral image fusion based on maximization of both spectral and spatial similarities[J]. IEEE Transactions on Geoscience and Remote Sensing, 2011, 49(6): 1976-1985.

［3］ Yang Y，Tong S，Huang S，et al. Multifocus image fusion based on NSCT and focused area detection［J］. IEEE Sensors Journal，2015，15 (5)：2824 - 2838.

［4］ Bhatnagar G，Wu Q，Zheng L. Directive contrast based multimodal medical image fusion in NSCT domain［J］. IEEE Transactions on Multimedia，2014，9(5)：1014 - 1024.

［5］ Ling S，Kirenko I. Coding artifact reduction based on local entropy analysis［J］. IEEE Transactions on Consumer Electronics，2007，53(2)：691 - 696.

［6］ Zhang L，Zhang L，Mou X，et al. FSIM：A feature similarity index for image quality assessment［J］. IEEE Transactions on Image Processing，2011，20(8)：2378 - 2386.

［7］ Li H，Qiu H，Yu Z，et al. Infrared and visible image fusion scheme based on NSCT and low-level visual features［J］. Infrared Physics and Technology，2016，76：174 - 184.

［8］ Zhu Z，Zheng M，Qi G，et al. A phase congruency and local laplacian energy based multi-modality medical image fusion method in NSCT domain［J］. IEEE Access，2019，7：20811 - 20824.

［9］ 秦雪. GIS 局部放电光学检测技术研究［D］.上海：上海交通大学,2019.

［10］ Zang Y，Qian Y，Liu W，et al. A novel partial discharge detection method based on the photoelectric fusion pattern in GIL［J］. Energies，2019，12(21)：4120 - 4137.

第7章

展　望

　　针对 GIS 局部放电的光学检测技术，目前国内外仍处于研究探索阶段，尚未形成成熟的现场检测装置和实施方案。本书从局部放电光学产生原理、检测方法、放电光源定位和模式识别 4 个局部放电领域的主要研究方向出发，探索了光学检测方法在 GIS 局部放电检测中应用的可能性，取得了一些阶段性成果。但是，离形成完整的局部放电光学检测体系还有一段距离，未来还可以开展以下几个方面的研究。

　　（1）进一步研究局部放电的光学信号产生机理，通过数理模型从气体分子的层面量化局部放电光学信号的产生过程，探明局部放电光学信号与放电量之间的关联关系，探索局部放电严重程度与光学检测量之间的联系。

　　（2）更加细致地掌握局部放电的多光谱特征，研究不同气体和不同缺陷类型对局部放电完整光谱信息的影响，进一步明晰局部放电的光谱分布与放电缺陷类型之间的内在关系，以及不同气体组分对局部放电光谱的影响程度。

　　（3）研究局部放电光学信号与放电光源位置之间的映射关系，通过光学仿真与数学模型计算相结合优化局部放电光学仿真指纹库的构建过程，进一步提高指纹库的构建效率。

　　（4）研发设计多检测参量融合的局部放电传感器，将光学传感器与特高频、超声等局放传感器相结合，实现局部放电的多状态参量同步检测，获得更加丰富、全面的局部放电检测信息，提高缺陷诊断的准确率。同时，进一步优化传感器的布置方式，提高传感器的检测效率，为局部放电的状态检测提供更加可靠的技术参考。

（5）开展 GIS 局放光学检测的现场示范应用,尝试在现场投运的真型 GIS 中安装局部放电光学传感器,构建真型 GIS 局部放电光学仿真模型,开展局部放电的光学检测相关实验,在实际设备中验证光学检测方法的有效性。

索　　引